Obstgehölze schneiden

KOSMOS

Herbert Bischof

Obstgehölze schneiden

KOSMOS

Inhalt

Theorie & Hintergründe

Sinn und Unsinn des Gehölzschnittes

Zweck des Schnittes ist die Produktion von Qualitätsfrüchten. Gleichmäßiger Ertrag, Erziehung der richtigen Baumform und die Gesunderhaltung sind das Ziel.

Das Schnittausmaß richtet sich nach dem Standort, der Art und Sorte, dem Alter und der gewünschten Erziehungsform des Gehölzes. Bei kleinen Gärten ist der Gehölzschnitt für Hobby- und Freizeitgärtner von immer größerer Bedeutung, um wenig Platz bestmöglich zu nutzen.

Das Wissen vom Aufbau und der natürlichen Entwicklung eines Obstgehölzes trägt wesentlich zum Verständnis des Gehölzschnittes bei und macht seine Notwendigkeit plausibel.

Mithilfe der richtigen Schnittmaßnahmen wird dieser Baum später regelmäßig Früchte tragen.

Wie Obstgehölze wachsen

Ein Strauch bildet mehrere, aus der Basis wachsende Haupttriebe, während ein Baum durch die sogenannte Spitzenförderung eine Krone bildet.

Das Größenwachstum eines Baumes wird auch von seinen Wurzeln bestimmt. Großkronige Bäume benötigen stärker wachsende Wurzelstöcke (sogenannte Unterlagen) als Bäume mit kleinen Kronenformen, beispielsweise Spindelkronen.

Fruchtspieß mit Apfel

Einblicke ins Baumleben

Die im Holzkörper befindlichen Gefäße transportieren Wasser und Nährstoffe. Speicherzellen sorgen für die Vorratshaltung, während für die Festigkeit die Holzfaserzellen zuständig sind. Das Dickenwachstum erfolgt durch das Kambium; nur wo dieses vorhanden ist, ist ein Verwachsen und Überwallen von Wunden möglich.

Durch die über die Blätter erfolgende Verdunstung wird Wasser mit Nährstoffen in den Leitungsbahnen nachgezogen und so die Ernährung des Baumes gewährleistet. Bei der Assimilation wandeln die Blätter Kohlendioxid und Wasser zu Zucker und Sauerstoff um. Die Energie hierzu liefert die Sonne. Für gehaltvolle Früchte ist eine ausreichende Anzahl von Blättern notwendig, da nur der in den Blättern gebildete Zucker den Früchten zur Verfügung steht (ausgewogenes Blatt-/Frucht-Verhältnis).

Bereits ab Juli bilden Kern- und Steinobstarten neue Blütenknospen. Trägt ein Baum keine Früchte und

Wasserschosse

1. Alter, ungeschnittener Apfelbaum mit zahlreichen Wasserschossen

2. Die Hälfte aller Wasserschosse sollte herausgeschnitten werden und zwar gleichmäßig über die Krone verteilt. Der Rest bleibt ungeschnitten und wird Seitentriebe bilden.

wächst schwach, dann bildet er für das kommende Jahr zu viele Blütenknospen aus, er alterniert.
So stehen Wachstum, Ansatz von Blütenknospen und Ertrag eines Baumes in engem Verhältnis, können jedoch durch entsprechende Schnittmaßnahmen beeinflusst, also bewusst gesteuert werden.

Junge Bäume, alte Bäume

Die Lebensabschnitte eines Baumes sind unterteilt in Anzucht und Erziehung, Alter des beginnenden Ertrages, Vollertragsalter und das des abnehmenden Ertrages. Durch Herabbinden der sich in der Jugendzeit bildenden starken Langtriebe wird die Bildung von Blütenknospen gefördert. Bei beginnendem Ertrag senken sich diese Triebe, das Längenwachstum lässt zugunsten der sich vermehrt bildenden Seiten- und Kurztriebe nach. Weiter werdende Astwinkel zeigen das Vollertragsalter an, bei dem Fruchtbarkeit und Triebzuwachs ausgewogen sind. Das Altersstadium beginnt mit dem Verkahlen des Baumes.

Gerade aufblühende Apfelknospe

Trieb- und Knospenarten

Jedes Gehölz entwickelt unterschiedliche Triebe und Knospen, die beim Schnitt einer speziellen Behandlung bedürfen. Voraussetzung für einen richtigen, erfolgreichen Schnitt ist die genaue Kenntnis der einzelnen Trieb- und Knospenarten.

Triebarten

Triebe sind der Zuwachs an Ästen und Zweigen, aus welchem sich die zum Kronenaufbau nötigen Leit- und Seitenäste sowie das Fruchtholz mit den Blütenknospen entwickeln. Den jüngsten Teil nennt man am belaubten Trieb Auge, am unbelaubten Trieb Knospe.

An den direkt aus dem Stamm gezogenen Leitästen und aus dem Mitteltrieb, der senkrechten Fortsetzung des Stammes, entwickeln sich die Fruchtäste. Kurztriebe, mit Blütenknospe = Fruchtspieße, sind Triebe mit sehr kurzen Knospenabständen (Internodien), im Gegensatz zu Langtrieben mit großen Internodien zwischen den Seitenknospen. Fruchtruten sind mehrjährige, mit Fruchtspießen besetzte Triebe. Verdickungen am Holz an Fruchtansatzstellen werden Fruchtkuchen genannt.

Bilden sich in einer dichten Krone lange, dünne Triebe, spricht man von Wasserschossen. Sie sind wertlos, sollten jedoch nicht ganz aus der Krone entfernt werden, da der Baum sonst immer wieder neue Wasserschosse bildet. Am sinnvollsten ist es, durch Schnittmaßnahmen die Belichtung im Kroneninneren wesentlich zu verbessern.

Triebarten: Kurztrieb (a), Langtrieb (b) und Fruchtrute (c)

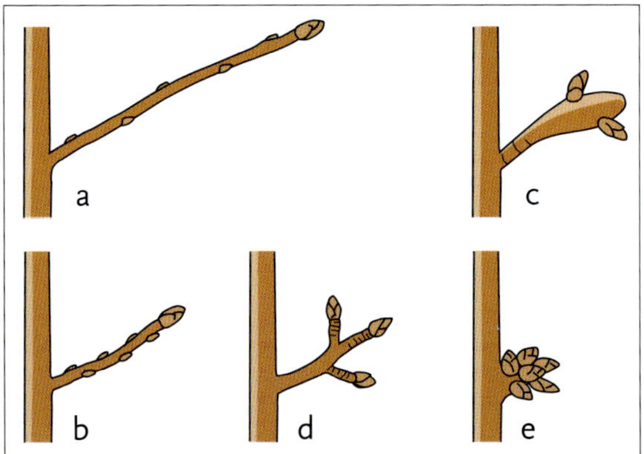

Blüten und Früchte bilden sich in der Regel am sogenannten Fruchtholz. Dabei handelt es sich um Kurztriebe, die an Langtrieben entstehen. Es gibt verschiedene Arten von Fruchtholz: Fruchtruten (a) werden 10 bis 30 cm lang, Fruchtspieße (b) höchstens 10 cm und Fruchtkuchen (c) bleiben unter 2 cm. Bei verzweigten Fruchtspießen oder Fruchtkuchen (d) und Bukettknospen (e) handelt es sich um Quirlholz.

Knospen

Den jüngsten Teil der Baumkrone nennt man Auge (am belaubten Trieb) bzw. Knospe (am unbelaubten Trieb). Jeder oberirdische Teil eines Baumes treibt aus einer Knospe aus. Aus Knospen entwickeln sich, je nach ihrer Stellung und Ernährung, Blätter, Blüten oder auch neue Triebe. Die sich am Ende eines nicht angeschnittenen Triebes befindliche Knospe bezeichnet man als Endknospe. Sie kann sowohl Blätter als auch Blüten hervorbringen.

Beim Kernobst können Knospen auch noch nach

mehreren Jahren zum Austrieb gebracht werden, während sie beim Steinobst in den meisten Fällen nach einem Jahr abgestorben sind.
Über lange Jahre nicht austreibende Knospen, die sich lebensfähig erhalten haben, nennt man schlafende Knospen oder auch schlafende Augen. Durch einen entsprechend starken Rückschnitt oder große Wunden können sie zum Austrieb gebracht werden.
Findet man seitlich am Grunde einer Knospe oder eines Triebes eine oder zwei Knospen (meist beim Kernobst, seltener beim Steinobst) so spricht man von Nebenknospen oder Beiknospen. Diese Knospen treiben nur aus, wenn die Hauptknospe beschädigt wurde.
In einer Blattachsel entwickelt sich seitlich am Trieb die sogenannte Seitenknospe, die als Blatt- und als Blütenknospe ausgebildet sein kann.

Blattknospen

Blattknospen bilden sich in den Blattachseln von Trieben und bringen nur Blätter hervor. Sie sind spitz und von zahlreichen Hüllblättern umgeben. Blattknospen stehen bevorzugt an einjährigen Trieben, wo sie als Endknospe die stärkste Triebkraft haben.

Blütenknospen

Blütenknospen sind meist etwas größer als Blattknospen und durch ihre eher rundliche Form zu erkennen. Nur am einjährigen Holz bleiben sie etwa so klein wie Blattknospen und sind schwer zuzuordnen.
Blütenknospen bilden sich im Allgemeinen aus, sobald die Kurztriebe mit dem Wachstum abgeschlossen haben, meist von Ende Juni bis Anfang September. Je stärker das Triebwachstum ist, desto später ist die Blütenknospenbildung beendet. An kurzem Fruchtholz schließt die Blütenknospenbildung früher ab als an Langtrieben.
Die Anzahl der Blütenknospen unterscheidet sich je nach Sorte und Art von Jahr zu Jahr. Man weiß, dass die Blütenknospenanlage stark mit einer ausgewogenen Nährstoffversorgung zusammenhängt: Wächst ein Baum zu stark, werden die Nährstoffe an den Triebspitzen verbraucht und für die Blütenknospenanlage bleibt zu wenig übrig. Ein sehr schwach wachsender Baum bildet daher oft zu viele Blütenknospen. Bei Blütenausfall bleiben dem Baum so große Nährstoffreserven, dass er für das nächste Jahr überreichlich Blüten ansetzt.
Steinobstarten besitzen meist reine Blütenknospen mit vier bis sechs Blüten, während sich beim Kernobst neben den Einzelblüten noch Blattrosetten mit Blütenknospen entwickeln.
Beim Kernobst findet man auch die Übergangsknospen. Bei ihnen handelt es sich um Blütenknospen im Anfangsstadium, die in ihrer Entwicklung stehen geblieben sind. Sie sind in ihrer Form etwas kürzer und dünner als richtige Blütenknospen und stehen in einer Blattrosette. Bei richtiger Ernährung bilden sich aus ihnen für das kommende Jahr Blütenknospen, bei Überdüngung wächst ein neuer Trieb heran.

Knospenstadium an einem Süßkirschenbaum (Prunus avium)

Wie Gehölze auf Schnitt reagieren

Ohne Rückschnitt entsteht an der Spitzenknospe eine starke Triebverlängerung.

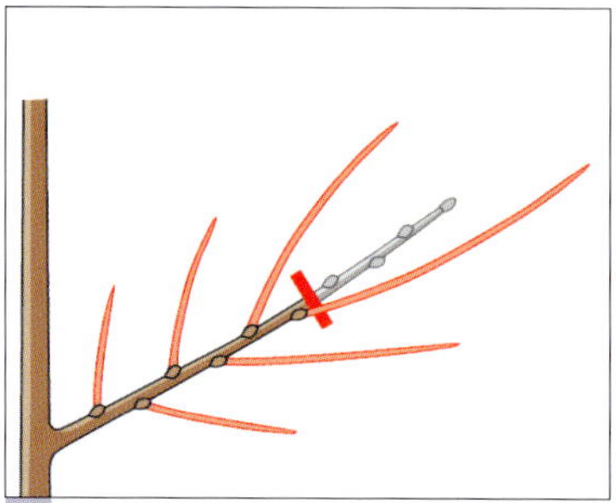

Nach einem mäßigen Rückschnitt treibt die Knospe an der Schnittstelle am stärksten aus.

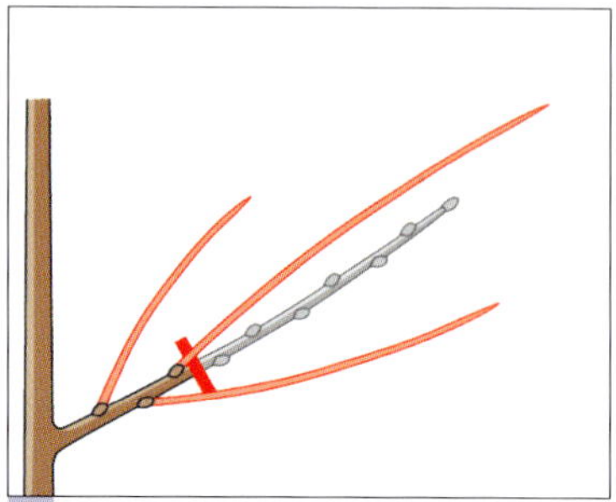

Ein starker Schnitt führt zu wenigen, starken Langtrieben (Förderung von Blattknospen).

Ein starker Rückschnitt hat einen starken Austrieb der obersten Knospen zur Folge, ein schwacher Schnitt einen mäßigen Austrieb fast aller Seitenknospen. Bei einem ungleichmäßigen Schnitt dreht sich die Regel um, das heißt, die stärker geschnittene Seite treibt schwächer aus, die schwach geschnittene stärker.
Bei Beachtung dieser Regeln kann man ältere Bäume verjüngen und zu verstärktem Neutrieb anregen, jüngere Bäume in die gewünschte Form bringen und sogar Wuchsfehler eines Baumes korrigieren. Mit jedem Rückschnitt werden die Knospen unmittelbar hinter der Schnittstelle zum Austrieb angeregt, also zur Verzweigung. Je waagerechter der Trieb steht, desto mehr Seitenknospen werden gebildet, das Längenwachstum wird vermindert und die Bildung von Blütenknospen gefördert. Kräftig ausgebildete Endknospen bilden lange, einjährige Triebe mit wenigen Seitenknospen. Entfernt man die Endknospe durch Rückschnitt auf eine Seitenknospe, vermindert man das Längenwachstum.

Was die Unterlage bewirkt

Als Unterlage bezeichnet man die Wurzel und den Stamm bis zur Veredlungsstelle eines Baumes. Sie nimmt Einfluss auf das Wachstum eines Baumes und die Größe der Früchte. Man unterscheidet zwei Unterlagenarten.

10 goldene Schnittregeln

1. Schneiden Sie die Bäume regelmäßig.
2. Nicht bei Temperaturen unter –8 °C schneiden.
3. Verwenden Sie einwandfreies, scharfes Werkzeug, sichere Leitern und anliegende Kleidung.
4. Entfernen Sie totes und krankes Holz sowie Mumienfrüchte (vertrocknet, pilzbefallen). Anschließend Werkzeug mit Spiritus desinfizieren.
5. Beachten Sie, dass ein leichter Rückschnitt einen geringen Austrieb und ein starker Rückschnitt einen kräftigen Austrieb bewirkt.
6. Sorgen Sie für einen konsequenten Aufbau der angestrebten Kronenform: Schwächsten Leitast zuerst schneiden, die anderen daran ausrichten. Leitäste im richtigen Winkel zum Baum erziehen. Bei Apfel, Birne, Steinobst auf stark wachsender Unterlage Leitäste betonen.
7. Fruchtäste und -holz immer den Leitästen unterordnen.
8. Sorgen Sie stets für nachwachsendes Fruchtholz und schneiden Sie abgetragenes heraus.
9. Kontrollieren Sie Stämme und Wunden.
10. Beobachten und notieren Sie, wie der Baum auf den Schnitt reagiert und berücksichtigen Sie diese Erfahrungen beim nächsten Schnitt.

Jungbaum mit Veredlungsknoten

Die Vermehrung der Sämlingsunterlage ist die älteste und einfachste Art, da sie auf generativer, das heißt geschlechtlicher Vermehrung beruht. Werden diese aus Samen gewonnenen Bäumchen nicht veredelt, so entsteht jedes Mal eine neue Sorte mit unbekannten Eigenschaften des Baumes und der Früchte.

Vegetativ vermehrte Unterlagen entstehen durch Pflanzenteile von Mutterpflanzen. Diese Vermehrungsart führt zu Pflanzen mit einheitlichem Erbgut, also mit einheitlichem und bekanntem Wuchsverhalten. Beim Kernobst, insbesondere beim Apfel, können diese sehr einheitlichen Unterlagen in schwach wachsende, mittelstark wachsende und stark wachsende eingeteilt werden. Beim Steinobst sind vegetativ vermehrte Unterlagen im Gegensatz zum Kernobst erst in den letzten Jahrzehnten durch das Bemühen um kleinere Bäume verstärkt in den Vordergrund getreten. Sämlingsunterlagen finden heute fast ausschließlich bei großkronigen Hochstämmen im landschaftsprägenden Streuobstbau Verwendung.

Bäume auf vegetativ vermehrten, schwach wachsenden Unterlagen sind nicht standfest und benötigen eine Stütze. Außerdem stellen sie höhere Ansprüche an Boden und an Wasser- und Nährstoffversorgung. Fragen Sie beim Baumkauf nach der für Sie geeigneten Unterlage.

Vegetative Veredlungsunterlagen

für Äpfel	
schwach wachsend	M27, M9, M26
mittelstark wachsend	M7, MM106, M2, M4
stärker wachsend	M11, A2
für Birnen	Quitte A, Quitte C
für Quitten	Quitte A
für Sauerkirschen	
schwach wachsend	*Prunus mahaleb*, Colt
mittelstark wachsend	F12/1
für Süßkirschen	
schwächer wachsend	Gisela 6, Colt, Weiroot,
mittelstark wachsend	F12/1
für Zwetschen	
schwach wachsend	St. Julien INRA 655/2, Pixi, Ishtara
mittelstark wachsend	St. Julien A

Achten Sie beim Einkauf auf Qualität: Die Bäume dürfen keine Schäden durch Krankheiten, Schädlinge oder Kulturmaßnahmen aufweisen und müssen sortenecht sein.

Der richtige Schnittzeitpunkt

Auf alle Stein- und Kernobstbäume, egal ob sie schon abgeerntet sind oder nicht, wirkt sich der Sommerschnitt positiv aus.

Ausgeführter Sommerschnitt an Birnenspalier

Sommerschnitt

Grundsätzlich werden hierbei nur solche Triebe entfernt, die man auch beim Winterschnitt wegschneiden würde. Der heute übliche Sommerschnitt ist eigentlich schon lange bekannt, denn bei einer Spaliererziehung musste schon immer mehrmals im Sommer ein Formierungsschnitt vorgenommen werden. Diese langjährigen Erfahrungen macht man sich zunutze.

Der Sommerschnitt darf erst nach Triebabschluss, also nicht vor Mitte August, durchgeführt werden. Schneidet man zu früh, so treibt der Baum durch, das heißt, er bildet nochmals Triebe aus.

Durch das Entfernen überflüssiger und für den Kronenaufbau nicht benötigter Triebe hilft man dem Baum, da den verbleibenden Teilen der Nährstoffstrom, der ja in gleichem Maße vorhanden bleibt, nunmehr in vollem Umfang zur Verfügung steht. Von dem erhöhten Nährstoffangebot profitieren die Früchte, deren Größe dadurch gefördert wird. Durch die Auflockerung der Krone und dem damit verbesserten Lichteinfall wird auch die Fruchtausfärbung verbessert. Die reichlich vorhandenen Nährstoffe im Baum fördern zudem die Ausbildung von Blütenknospen, wodurch auch das Triebwachstum gebremst wird. Dies wiederum erspart Schnittarbeiten.

Entfernt werden Triebe, die steil nach oben oder in das Kroneninnere wachsen, sowie solche, die fruchttragende Äste überbauen und somit beschatten. Werden diese Triebe zum Aufbau von Fruchtholz benötigt, so kürzt man auf die hinterste Blattrosette oder, beim Fehlen derselben, auf ungefähr drei voll ausgebildete Blätter ein. Aus den Augen bei diesen Blättern entwickeln sich dann Kurztriebe mit Blütenknospen.

Obwohl die Blätter im Kroneninneren durch die vermehrte Licht- und Sonneneinstrahlung in ihrer Funktion gefördert werden und besser assimilieren, (Kohlendioxid und Wasser durch Sonnenlicht zu energiereichem Zucker und Sauerstoff umwandeln), sollte

Obstbaum mit Wasserschossen vor …

… und nach dem Winterschnitt *(siehe S. 27)*

Übersicht der Schnittzeitpunkte

Winterschnitt (W)
Sommerschnitt (S)

	Januar	Februar	März	April	Mai	Juni	Juli	August	September	Oktober	November	Dezember
Kernobst	W	W	W					S	S			
Steinobst	W	W	W					S	S			
Johannisbeere	W	W	W				S					
Stachelbeere	W	W	W				S	S				
Brombeere			W	W/S	S	S	S	S	S			
Himbeere									W	W	W	
Kiwi		W	W						S			
Haselnuss	W	W	W								W	W
Walnuss									S			

doch auf ein ausgewogenes Blatt-Frucht-Verhältnis geachtet werden.

Verbindet man den Sommerschnitt mit dem Waagerechtbinden, so erkennt man leichter, welche Schnittmaßnahmen wo und in welchem Umfang vorzunehmen sind. Selbstverständlich werden alle dürren, kranken oder abgebrochenen Zweige entfernt und auch beschädigte Früchte ausgepflückt. Neu gepflanzte Bäume werden keinem Sommerschnitt unterzogen, da jedes Blatt zum Aufbau von Wurzeln und Holz hilfreich ist. Im zweiten Standjahr kann man dann behutsam mit dem Sommerschnitt beginnen.

Winterschnitt

Ein starker Winterschnitt hat einen kräftigen Neutrieb zur Folge, der auf Kosten der Blütenknospen geht. Er dient in erster Linie der Pflege des Fruchtholzes. Ist das Entfernen stärkerer Astpartien notwendig geworden, geschieht das im Winter. Beim Winterschnitt wird abgetragenes Fruchtholz entfernt. Haben sich Astpartien an den Enden sehr stark nach unten gebogen, so leitet man sie auf einen waagerecht stehenden, sich möglichst am Scheitelpunkt befindlichen Trieb auf. Ebenfalls entfernt werden alle in das Kroneninnere wachsenden Triebe und solche, die tiefer liegende überbauen. Um ein Verkahlen des Kroneninneren zu vermeiden, muss man darauf achten, dass auch dort immer wieder Jungtriebe aufgebaut werden, während man die am Außenrand der Baumkrone sich ausbildenden Triebe nicht zu dicht werden lässt. Dabei kürzt man nicht alle ein, sondern entfernt nur einzelne an der Basis, während andere ungeschnitten stehen bleiben.

Der Schnitt richtet sich immer nach der vorgegebenen Baumform. Ihre typische Form wird unterstützt und ausgebaut. Bei Spindelbäumen legt man besonderes Augenmerk darauf, dass keine Leitäste herangezogen werden, sondern man beschränkt sich hier auf das Entfernen abgetragenen Fruchtholzes und das Auslichten. Haben sich nach dem Sommerschnitt trotz aller Vorsicht nochmals kräftige Triebe entwickelt, so werden diese im Winter auf bereits vorhandenes Fruchtholz abgeleitet oder, wenn dies fehlt, eingekürzt. Haben sich zu lange Fruchtholztriebe entwickelt, so werden sie auf eine Länge von 15 bis 20 cm zurückgeschnitten, wobei der Rückschnitt immer auf eine gut entwickelte Blütenknospe erfolgen soll. Hat man im Frühjahr Zweige waagerecht gebunden oder mittels eines Sperrholzes in die richtige Lage gebracht, so können Schnüre und Spreizholz beim Winterschnitt in aller Regel wieder entfernt werden.

EXPERTEN-TIPP

Schnittmaßnahmen dürfen keinesfalls bei Temperaturen unter –8 °C durchgeführt werden, da sonst Frostschäden an den Schnittstellen entstehen können.

Schnitt-Praxis

Wie Obstgehölze in Form kommen

Leckeres Obst sollen sie alle tragen. Und gesund soll es sein. Der dazu führende Schnitt aber will gelernt sein – das wichtige „Was, Wann, Wie" ist hier erklärt, damit Ihre Obstgehölze richtig in Form kommen.

Schnittwerkzeuge (von oben nach unten): Astschere, Bügelsäge, Schwertsäge, Baumscheren

Überblick gefragt

Wachstum, Ansatz von Blütenknospen und Ertrag eines Baumes stehen in engem Verhältnis und sind voneinander abhängig. Jeder Eingriff in eines der genannten Kriterien wird auch eine Veränderung bei den anderen zur Folge haben. Man muss den Baum als Ganzes sehen und die Schnittmaßnahmen überlegt und gezielt einsetzen.

Das richtige Werkzeug

Vor Arbeitsbeginn sind Scheren und Baumsägen vor allem auf ihre Schärfe hin zu kontrollieren, um ein Quetschen oder Zerfransen von Ästen und Zweigen zu vermeiden.

Bei den heutigen Baumscheren können Klingen und Griffe ausgetauscht bzw. erneuert werden. Einer zweischneidigen Schere mit zwei geschliffenen Klingen ist gegenüber einschneidigen der Vorzug zu geben. Sogenannte Zweihandscheren bieten mit ihren längeren Griffen beim Schnitt im Inneren von Beerensträuchern Vorteile, da sie sauberes und einwandfreies Arbeiten ermöglichen. Für das Schneiden in oberen Kronenbereichen sowie für den Sommerschnitt bieten sich die Stangenscheren an.

Bei Sägen besteht die Wahl zwischen verschiedenen Modellen. So ermöglicht eine Bügelsäge mit verstellbarem Blatt ein genaues Arbeiten. Mit Blattsägen, die an einer Stange aus einer größeren Distanz eingesetzt werden können (Schwertsägen), geht die Arbeit etwas schneller, jedoch auf Kosten der Exaktheit. Bei allen Modellen sollten aber die Schneideblätter, je nach Einsatzhäufigkeit, etwa alle zwei Jahre, am besten von einem Fachmann, geschärft werden.

Trotz der heute meist kleinwüchsigeren Bäume benötigt man zum Schnitt oder auch zur Ernte oftmals doch noch eine Steighilfe. Sicherheitshalber sollten keine Haushaltsleitern verwendet werden. Zur Wahl stehen Bock- und Anlegeleitern. Wichtig ist, dass alle Leitern in einwandfreiem Zustand sind.

Drei-Bock-Leitern laufen konisch, von unten 1 m Breite auf 30 cm bei der letzten Sprosse zusammen. Die Stützen sollten mit Metallspitzen gegen Wegrutschen und ausreichend großen Fußplatten gegen Einsinken abgesichert sein. Durch die einholmige Stütze kann eine solche Leiter problemlos bei Bäumen mit tiefen Kronen oder jungen Halb- und Hochstämmen verwendet werden, deren dünne Leitäste den Einsatz von Anlegeleitern noch nicht erlauben.

Anlegeleitern gibt es in verschiedenen Höhen, lassen Sie sich am besten im Fachhandel beraten.

EXPERTEN-TIPP

Vor allem bei Holzleitern sollte man jede Sprosse prüfen, indem man die Leiter flach auf den Boden legt und jede einzelne Sprosse mit dem gesamten Körpergewicht belastet.

Binden und Sperren

Je flacher sich ein Trieb entwickelt, umso leichter wird er Blütenknospen bilden. Dies kann man sich zunutze machen, indem man zu steil nach oben stehende Triebe möglichst in die Waagerechte herunterbindet. Die heruntergebundenen Triebe dürfen sich aber nicht zu tief neigen, die Spitze darf keinesfalls auf den Boden zeigen. Es darf sich auch kein Bogen bilden, sondern im Idealfall steht der Trieb von der Basis an in gerader Linie zum Boden.
Mit jedem Stückchen, das der Trieb mehr in die Höhe zeigt, nimmt sein Längenwachstum zu und verringert sich der Blütenansatz.

Technik des Herunterbindens

Das Herunterbinden erfolgt mit einer Schnur, beginnend von Stamm oder Pfahl. Durch vorsichtiges Herunterdrücken des Triebes sucht man die günstigste Stelle – nicht zu weit von der Basis – für die Befestigung des Bindematerials. Dort sollte sich eine kleine Unebenheit befinden, um die Schnur arretieren zu können. Der waagerecht gestellte Ast wird das Dickenwachstum verstärken. Deshalb muss genügend locker gebunden werden, damit keine Einschnürungen auftreten.
Die gleiche Wirkung kann auch durch das Anbringen eines etwa 100 g schweren Gewichtes (Netz mit Kieselsteinen) erreicht werden. Dieses wird mit Hilfe einer Wäscheklammer oder etwas Ähnlichem befestigt, wobei man den Punkt sorgfältig austarieren muss. Die beste Zeit für diese Maßnahme ist die zweite Junihälfte. Führt man das Waagerechtstellen zu früh aus, so können sich im Frühsommer, der Zeit des stärksten Triebwachstums, die Triebspitzen wieder aufrichten und nach oben wachsen.

Sperren

Durch das sogenannte Sperren kann man die Bildung von Schlitzästen, vor allem bei Leittrieben, verhindern. Der Winkel zwischen Ast und Stamm sollte nie weniger als 45° betragen. Um dies zu erreichen, sucht man mit der Hand die Stelle, an der durch Druck die gewünschte Lage erreicht wird, und spannt ein gut fingerdickes Holzstück ein, welches man zur besseren Haftung an beiden Enden entsprechend einkerbt. Die Länge des Sperrholzes richtet sich nach der benötigten Hebelwirkung und ergibt sich aus der gefundenen Auflagefläche.
Beim Winterschnitt kann das Sperrholz meist wieder entfernt werden, da sich die gewünschte Wirkung vor dem Austrieb dann meist eingestellt hat.
Diese Maßnahmen sind schon der erste Schritt, um dem Baum den gewünschten Wuchs zu geben.

Das Herunterbinden von Fruchtästen fördert die Bildung von Blütenknospen.

Hier erfolgt die Formgebung mit kleinen Beton-Gewichten an den Ästen.

Das Spreizen oder Sperren sollte bei Hochstämmen bereits nach dem Pflanzschnitt erfolgen.

Sägetechnik

Stärkere Äste sind nicht nur bei den jährlichen Schnittmaßnahmen zu entfernen, sondern auch nach Schäden, zum Beispiel durch Unwetter, Schnee oder auch durch zu starken Fruchtbehang, bei dem der Ast nicht abgestützt wurde. Da abgebrochene Äste fast immer gesplittert sind, ist es sehr wichtig, die notwendigen Maßnahmen umgehend vorzunehmen, um dem Eindringen von Krankheiten und Schädlingen vorzubeugen.

So wird gesägt

Selbstverständlich nimmt man nur einwandfreies, scharfes Werkzeug, das für solche Arbeiten geeignet ist. Man sägt die Äste möglichst glatt an der nächstgelegenen, stärkeren Verzweigung oder direkt am Stamm (am Astring) ab. Hierbei geht man Schritt für Schritt vor, um zu vermeiden, dass der abgesägte Ast durch sein Eigengewicht absplittert und eine größere Wunde verursacht oder die Rinde an den Rändern einreißt. Zuerst sägt man von der unteren Seite ungefähr ein Viertel bis ein Drittel des Astes an, um ihn dann von oben her bis zu der unteren Schnittstelle wie gewohnt abzusägen.

Der verbliebene Stummel kann dann an der gewünschten Stelle ohne weitere Verletzungsgefahr für den Baum leicht abgesägt werden.

Man muss auch die Neigung der Schnittfläche beachten und Wulstränder vermeiden, damit sich kein fäulnisförderndes Wasser in der Wunde sammelt.

Wunden

Wunden an Bäumen entstehen nicht nur durch Schnitt, sondern auch durch die Behandlung von Krankheiten (Obstbaumkrebs), durch Fraßschäden (Hasen, Mäuse, Rehe) und Frostrisse. Prinzipiell gilt die Regel, dass Wunden mit einer glatten Oberfläche und einem unbeschädigten Wundrand am besten und schnellsten verheilen. Dass sie möglichst klein gehalten werden sollten, versteht sich von selbst.

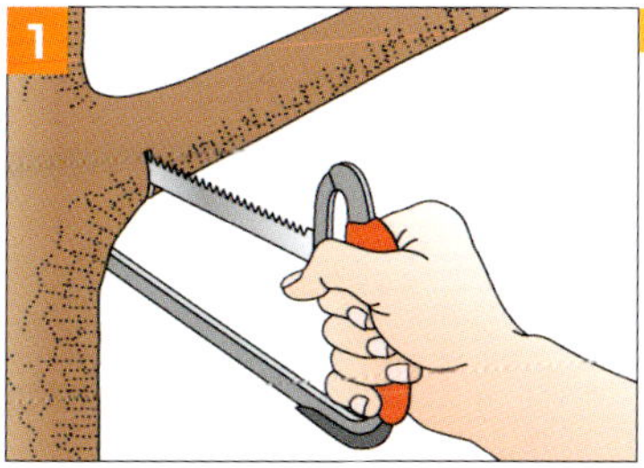

1. Zunächst wird der Ast von unten her am Ansatz etwa ein Drittel eingesägt.

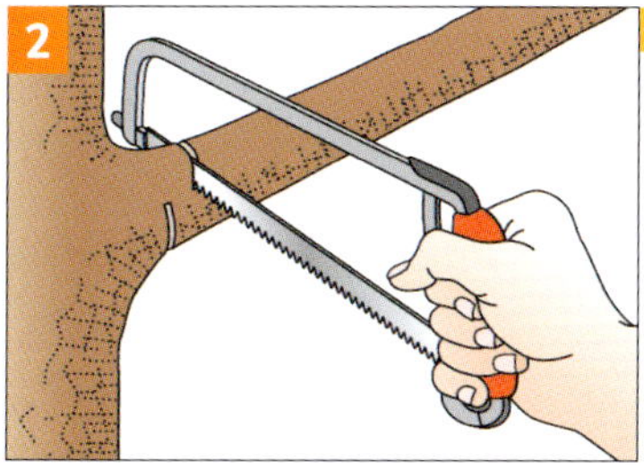

2. Dann wird der Ast von oben etwas versetzt angesägt, sodass er hier leicht abbrechen kann.

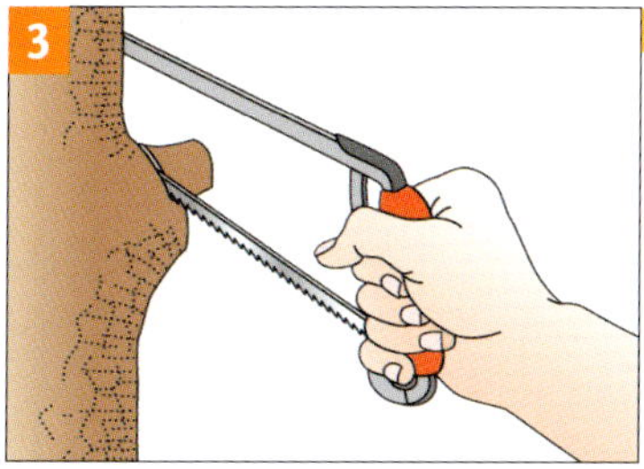

Zum Schluss wird der verbliebene Stummel mit einem schrägen Schnitt vollständig abgesägt.

Sind kranke oder faule Stellen zu entfernen, muss unbedingt bis ins gesunde Holz zurückgeschnitten werden. Auch hier gilt wieder: Sauberes und exaktes Arbeiten macht sich bezahlt.

Vorbeugung

Biss-Stellen oder Nagespuren werden durch Tiere verursacht; hier bietet sich das Bestreichen mit einem Vergällungsmittel oder das Anbringen einer Drahthose um den Baum an.

Gegen Frostrisse, die durch starke Temperaturunterschiede entstehen, hilft ein Weißanstrich.

Pyramidenkrone

Während Pyramiden- und Hohlkronen bei Apfel und Birne auf Hoch-, Halb- und Niederstamm üblich sind, wird man Kirschen mit Pyramidenkronen eher auf Niederstämmen finden, damit sie nicht zu hoch werden. Die Pyramidenkrone besteht aus einem Mitteltrieb, der senkrechten Fortsetzung des Stammes, und drei bis vier Leitästen, die gleichmäßig in unterschiedlicher Höhe um ihn verteilt sein sollen; sie dienen der Formierung der Krone. Oft muss man die Leitäste herunterbinden oder mit einem Sperrholz dafür sorgen, dass sie im optimalen Winkel von 50° zum Mitteltrieb stehen. In Abständen von 50 bis 80 cm werden an den Leitästen und am Mitteltrieb Fruchtäste gezogen, die immer den Leitästen oder der Mitte untergeordnet bleiben müssen.

Optimal aufgebaute Pyramidenkrone mit Mitteltrieb und drei Leitästen

Pflanzschnitt

Gleichmäßige Garnierung aller Seitenäste sowie des Mitteltriebes kennzeichnen die Pyramidenkrone. Beim Pflanzschnitt kürzt man die Leitäste etwa um die Hälfte auf möglichst gleiche Länge ein. Der Mitteltrieb soll die Leitäste 10 bis 20 cm überragen. Man setzt die Leitäste auf eine triebunterseits stehende Knospe zurück, um so eine zu steil wachsende Triebverlängerung zu vermeiden, und stellt den Pflanzschnitt immer auf den schwächsten benötigten Trieb ab. Nicht benötigte Triebe werden an der Basis entfernt.

Erziehungsschnitt

Beim Erziehungsschnitt im Winter des zweiten und dritten Standjahres passt man sich wiederum dem schwächsten Leitast an. Haben sich überlange Triebverlängerungen gebildet, zeigt dies einen zu starken Rückschnitt an, verkahlen die Äste zur Mitte hin, so wurden diese zu lang gelassen.

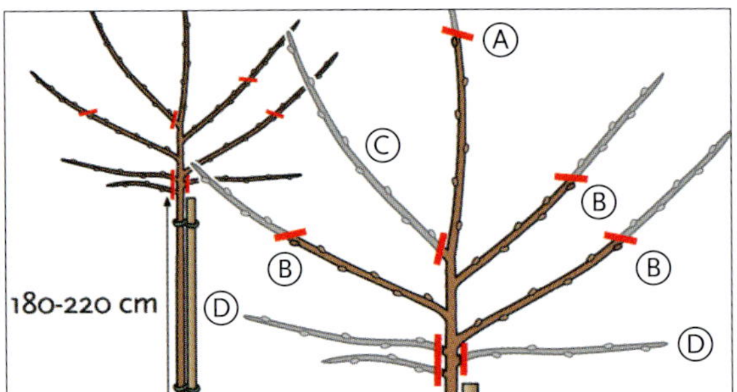

Pflanzschnitt: Mitteltrieb (A) und Leitäste (B) werden maximal bis zur Hälfte auf eine nach außen stehende Knospe gekürzt. Die Konkurrenz (C) der Mitte und flache Kronenäste (D) werden entfernt.

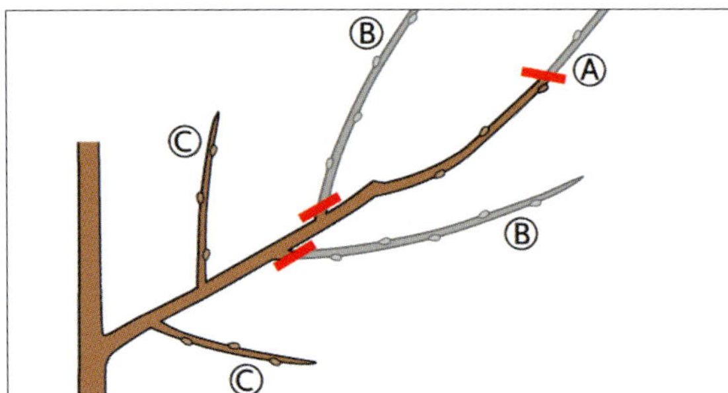

Grundprinzip: Die Triebverlängerung des Leitastes (A) wird um 1/3 bis 1/2 auf eine nach außen stehende Knospe geschnitten. Steile Seitenäste (B) werden entfernt, flachere (C) bleiben ungeschnitten.

Als Faustregel gilt: Mitteltrieb und Leitäste bis zu einem Drittel, höchstens jedoch um die Hälfte einkürzen. Man belässt die an den Leitästen und am Mitteltrieb nach außen wachsenden gesunden Triebe mit Fruchtholz als sogenannte Fruchtäste mit einem Abstand von 50 bis 70 cm, wobei der unterste nicht näher als 40 cm am Mitteltrieb stehen soll. Man schneidet die Fruchtäste so an, dass sie bis zur Spitze des Mitteltriebes einen pyramidalen Aufbau bilden. Überflüssige und an der Oberseite des Leitastes stehende Triebe entfernt man an der Basis, Kurztriebe bleiben unbeschnitten. Der Mitteltrieb wird jeweils auf ein dem Vorjahresschnitt entsprechend gegenständiges Auge zurückgenommen, um einen möglichst geraden Wuchs zu gewährleisten.

Treibt der Baum sehr stark, so bricht man die sich an der Oberseite der Leittriebe nach der Schnittstelle befindlichen zwei bis drei Knospen aus. Ist der Austrieb nur schwach (bis 20 cm), so bringt man die Triebe nur in das nötige Gleichgewicht. Haben zu lang gelassene Triebe zu schwach ausgetrieben, wird in das letztjährige Holz zurückgeschnitten.

Erhaltungsschnitt

Der Erhaltungsschnitt in den Folgejahren dient dazu, das Verhältnis der Leitäste und des Mitteltriebes zueinander im Gleichgewicht zu halten und die Stabilität der Krone zu gewährleisten. Die pyramidale Form der Krone muss bewahrt werden, um eine Überbauung und dadurch ein Verkahlen des Kroneninneren zu vermeiden. Die Verlängerung von Leittrieben und Mitteltrieb sollte immer aus der letztjährig angeschnittenen Knospe erfolgen. Hat diese nicht ausgetrieben, greift man auf den nächsten Konkurrenztrieb zurück und baut diesen auf. Wird er nicht benötigt, entfernt man ihn an der Basis. Erstrebenswert ist ein Baum mit ein- bis dreijährigem Fruchtholz.

Hochstamm mit guter Pyramidenkrone

Erziehung: Im 2. Jahr wird zuerst der Mitteltrieb eingekürzt, um eine große Krone zu fördern. Die Seitenäste des Mitteltriebes, die steiler als die Leitäste sind, werden entfernt.

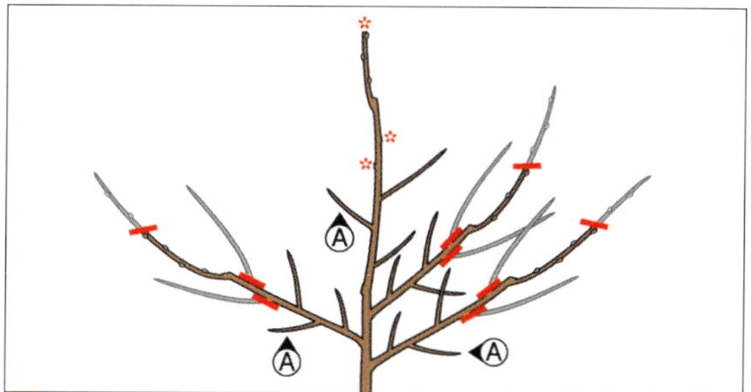

Danach werden die Leitäste und ihre Seitentriebe gemäß des Grundprinzips eingekürzt. Die flachen Seitenäste (A) bleiben ungeschnitten. Dies fördert eine frühere Blütenbildung.

Hohl- und Tellerkrone

Für die Erziehung von Hohlkronen bei Sauerkirschen, Pfirsichen und Nektarinen kommen sowohl Halb- als auch Niederstämme in Frage. Für die Tellerkrone bei Zwetschen wählt man einen Niederstamm.

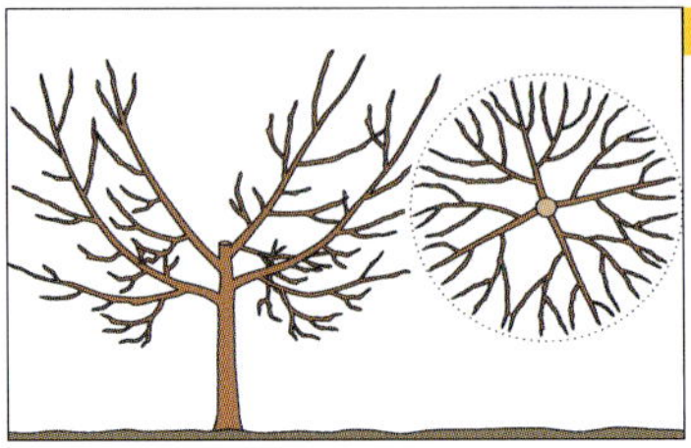

Hohlkrone mit 4 Leitästen – der Mitteltrieb wird bei dieser Kronenform entfernt.

Hohlkrone

Für licht- und sonnenbedürftige Obstarten wie Pfirsiche, Nektarinen, Aprikosen und andere empfiehlt sich die Hohlkrone.

Bei einer Hohlkrone fehlt der Mitteltrieb; so kann mehr Licht und Sonne in das Kroneninnere gelangen, was auch dem Verkahlen entgegenwirkt. Aus diesem Grund werden zum Beispiel Sauerkirschen mit einer Hohlkrone erzogen.

Die Erziehung der Hohlkrone kann auf zwei Arten erfolgen. Entweder man baut die Krone von Anfang an ohne Mitte nur mit Leitästen auf, oder man erzieht die ersten fünf bis sechs Jahre eine Pyramidenkrone, bei der dann der Mitteltrieb entfernt wird. Nicht geeignet ist die Hohlkrone, wenn die Leitäste ohne Mitte zu steil wachsen, wie zum Beispiel bei der Süßkirsche. Die Hohlkrone ist auch eine Notlösung beim Verjüngen vergreister Pyramidenkronen.

Tellerkronen sind gut geeignet für Zwetschen. Am leichtesten lässt sich diese Kronenform bei von Natur aus flach wachsenden Sorten anwenden.

Tellerkrone

Sie ist quasi eine sehr flache Pyramidenkrone. Die Mitte wird beim Pflanzschnitt sehr stark zurückgeschnitten, während die Leitäste nur waagerecht gebunden werden. In den Folgejahren wird die Krone aus rund sechs bis acht gut verteilten Leitästen aufgebaut unter jährlicher starker Zurücknahme des Mitteltriebes.

Diese Kronenform empfiehlt sich besonders für mittel bis stark wachsende Zwetschenbäume. Zu beachten ist dabei, dass sich die flachen Leitäste unter dem Gewicht der Früchte nicht zu weit auf den Boden neigen. Dazu kann man nötigenfalls die Zweige abstützen. Ein geringerer Rückschnitt kann dieses Problem beheben.

Tellerkrone (hier mit 7 flachen Leitästen, die um den Stamm verteilt stehen)

Spindelkrone

Mit ihrer unteren Breite von ungefähr 1,50 m und einer Höhe von 2,50 bis 3,00 m erinnert sie stark an den Wuchs eines Tannenbaumes. Die Schlanke Spindel, eine besondere Form der Spindel, erhält den gleichen Aufbau bei einem maximalen Durchmesser von nur 1,20 bis 1,50 m und einer Höhe von nicht über 2,50 m.

Junger Süßkirschen-Spindelbaum mit Früchten. Die Länge der Triebe nimmt bei einer Spindelkrone von unten nach oben kontinuierlich ab.

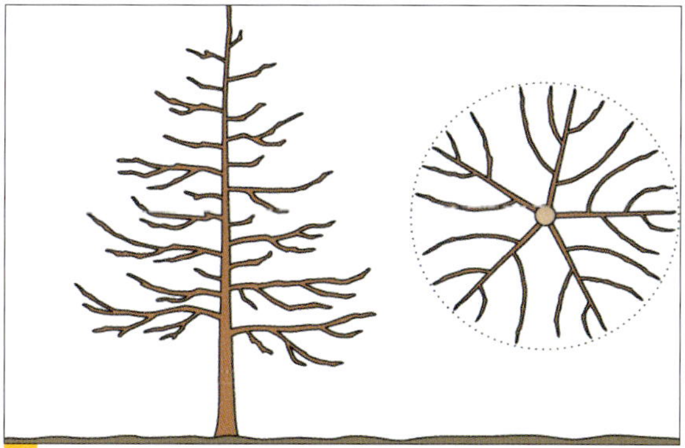

Eine Spindel hat einen geraden Mitteltrieb und flach abgehende Seitentriebe, die gleichmäßig um den Mitteltrieb verteilt sind.

Aufbau

Pflanzt man ein- oder zweijährige Veredlungen mit vorzeitigen Verzweigungen, wird die Mitte nicht angeschnitten. Fruchtäste belässt man ab einer Stammhöhe von etwa 50 cm. Verzweigungen, die länger als 30 cm sind, werden auf dieses Maß zurückgenommen, zu steil stehende waagerecht gebunden und überflüssige an der Basis entfernt. Sind keine Verzweigungen vorhanden, so schneidet man die Mitte auf ungefähr 1 m Höhe an. Aus den unter der Schnittstelle befindlichen Knospen treiben dann die notwendigen Verzweigungen aus.

Im folgenden Winter wird in der Regel die Mittelachse nur mehr angeschnitten und auf einen kürzeren Konkurrenztrieb abgeleitet, wenn sie zu stark gewachsen ist oder man die Bildung von Seitentrieben fördern will. Zu lange Seitentriebe schneidet man immer bis auf eine an der Triebunterseite stehende Knospe zurück.

Ab der gewollten Größe wird nur noch abgetragenes Fruchtholz entfernt und gegebenenfalls ausgelichtet. Am zwei- und dreijährigen Holz bilden sich die besten Früchte, daher sollte man immer für einen genügenden Anteil von Fruchtholz dieses Alters sorgen. Ist ein Einkürzen der Mittelachse erforderlich, so nimmt man diese auf einen seitlichen, gut mit Blütenknospen besetzten Fruchtast zurück.

Spalierformen

Für ein Spalier an einer Wand eignen sich besonders die wärmebedürftigen Birnen, Aprikosen, Pfirsiche, Nektarinen, Sauerkirschen und Kiwis, Süßkirschen jedoch nicht. Vor der Pflanzung muss das meist aus Holzlatten und Draht angefertigte, möglichst der später gewünschten Baumform entsprechende Gerüst gut an der Hauswand verankert sein. Ein Spalier erfordert viel Schnitt- und Pflegeaufwand.

Aufbau eines Spaliers

Beim Aufbau eines Spaliers kommt dem Sommerschnitt des Fruchtholzes eine sehr große Bedeutung zu, denn laufend müssen entstehende Wasserschosse entfernt werden. Bilden sich die Wasserschosse an Stellen mit guter Garnierung, werden sie an der Basis entfernt, entwickeln sie sich an Stellen, die zu verkahlen drohen, schneidet man sie auf kurze Stummel,

Erziehung eines Spaliers

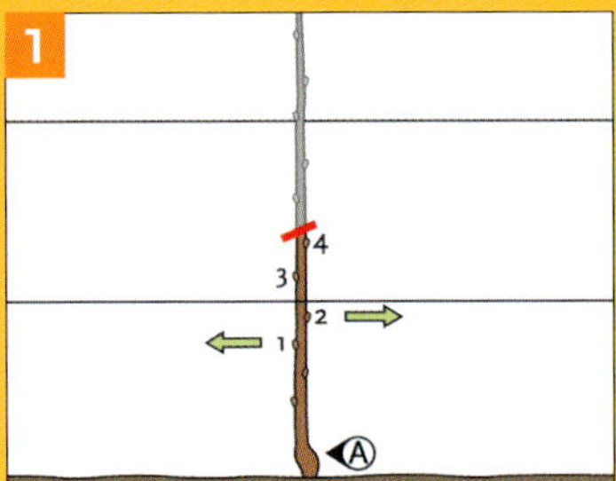

Im Herbst wird ein einjähriger, unverzweigter Baum gepflanzt und auf etwa 4 Knospen über der Höhe abgeschnitten, auf der das 1. Astpaar entstehen soll.

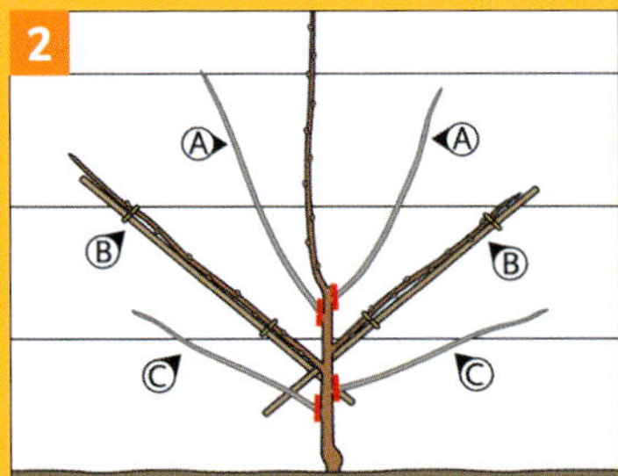

Sommerschnitt: Steile (A) und flache (C) Seitentriebe werden entfernt, ein mittleres Paar (B) wird langsam waagerecht gebogen und am 1. Draht festgebunden.

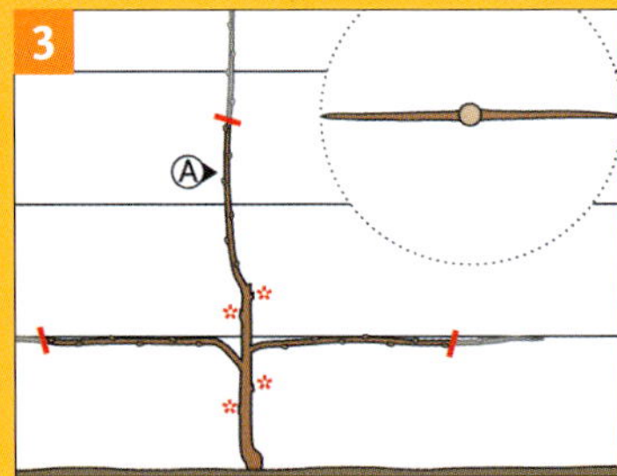

Winterschnitt: Der Mitteltrieb (A) wird auf etwa 5 Knospen über dem 2. geplanten waagerechten Astpaar zurückgeschnitten, die Seitentriebe werden leicht eingekürzt.

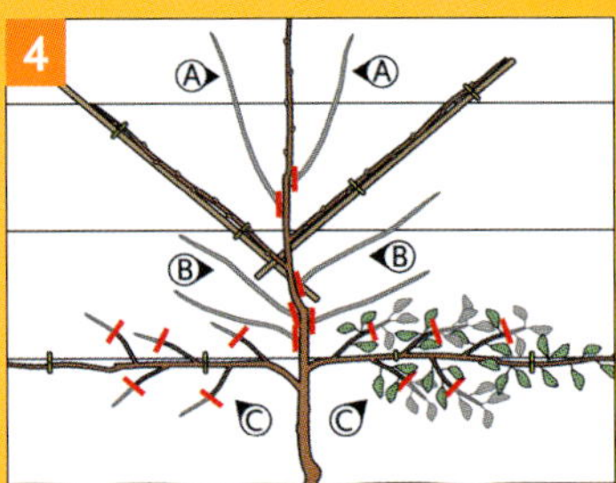

2. Sommer: Konkurrenz- (A) und Seitentriebe (B) werden entfernt. Ein 2. Astpaar wird langsam in die Waagerechte geführt. Seitentriebe des 1. Astpaares (C) werden eingekürzt.

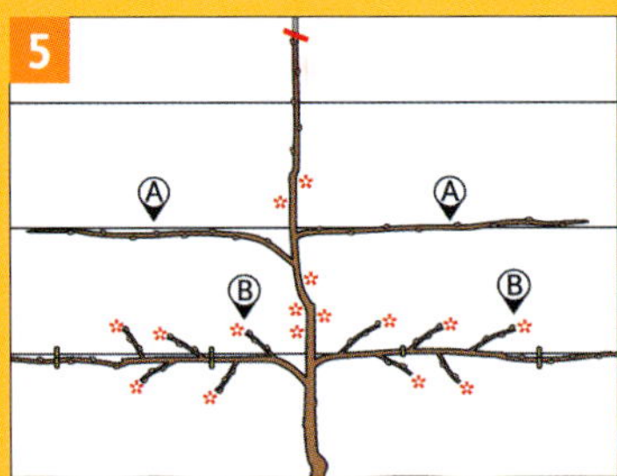

Im Herbst steht das 2. Astpaar (A) waagerecht. Die bis August regelmäßig eingekürzten Seitentriebe des 1. Astpaares (B) haben inzwischen Blütenknospen gebildet. Sie fruchten im nächsten Jahr.

Die Schnittarbeiten wiederholen sich in den folgenden Jahren. Die Leitäste (waagerechte Astpaare) des Spaliers bleiben sein Leben lang erhalten. Die jeweiligen Seitentriebe tragen die Früchte.

damit sich aus diesen wieder Fruchtholz entwickelt. Man muss berücksichtigen, dass ein zu schwacher Rückschnitt der Verlängerungstriebe bei nur schwacher Triebleistung zu Verkahlungen führt, zu starker Rückschnitt dagegen einen zu steilen und zu starken Austrieb der Seitentriebe hervorruft. Deshalb wird stets die Knospe, die unterhalb der Schnittstelle liegt, geblendet. Steilere und kräftigere Seitentriebe, die man für den Aufbau benötigt, werden waagerecht gebunden. Entfernt werden alle Triebe, die von der Wand weg oder auf die Wand zu wachsen.

Bei einem kurzen Fruchtholzschnitt werden die parallel zur Wand stehenden Seitentriebe laufend eingekürzt, bis Fruchtholz entsteht.

Beim weniger arbeitsaufwendigen langen Fruchtholzschnitt beschränkt sich der Unterhaltungsschnitt auf ein regelmäßiges Erneuern des Fruchtholzes.

Senkrechter, waagerechter und schräger Kordon

Ein Kordon besteht aus mehreren, im Abstand von etwa 60 cm stehenden Bäumen, die bei der Pflanzung keine Verzweigungen aufweisen sollen. Steinobst ist hierfür ungeeignet. Man schneidet nach den Regeln des kurzen Fruchtholzschnittes.

Der bis zu 2,5 bis 3 m hohe senkrechte Kordon wird gerade hochgezogen, während beim waagerechten Kordon die Triebe in die Waagerechte geheftet werden, wobei die Triebspitze immer nach oben weisen muss. Stärkere, nicht zum Aufbau benötigte Seitentriebe werden entfernt. Beim schrägen Kordon werden die Bäume ab einer Höhe von 50 cm schräg geheftet. Die an der Oberseite des Stammes entstehenden kräftigen Triebe werden beim Sommerschnitt entfernt.

U-Form und doppelte U-Form

Die U-Form besteht aus zwei senkrechten Kordons im Abstand von 0,50 bis 1 m aus einem Baumstamm. Werden vier Leitäste auf einer Ebene hochgezogen, spricht man von einer doppelten U-Form. Die Schnittstellen an den Leitästen sollten in Richtung Wand weisen, um von vorn einen glatten Wuchs zu erzielen.

Kurzer Fruchtholzschnitt an einem waagerechten Kordon

Birnenspalier an sonniger Hauswand

Verrier-Palmette

Mehrere übereinanderstehende U-Formen bezeichnet man als Verrier-Palmette. Die Leitäste werden waagerecht bis zur gewünschten Länge gezogen und dann in die Senkrechte gestellt, wobei für jeden Ast der gleiche Abstand gehalten werden muss. Das unterste Astpaar muss bereits in der Senkrechten stehen, bevor das folgende gezogen wird. Wird das Fächerspalier ohne Mitteltrieb geformt, verteilt sich das Wachstum gleichmäßig über den ganzen Fächer, der nach Erreichen von zwei Drittel der Höhe geformt wird. Man praktiziert hierbei den langen Fruchtholzschnitt. Das Fächerspalier eignet sich im besonderen Maße für Aprikosen, Pfirsiche, Sauerkirschen.

Verjüngungsschnitt

Werden Bäume nicht regelmäßig geschnitten und gepflegt, so vergreisen sie vorzeitig. Die Zeitspanne, in der sie uns mit Qualitätsfrüchten erfreuen, verkürzt sich, sie verkahlen von innen heraus, die Kronenform verändert sich – der Baum verwildert und stirbt vorzeitig ab.

Hier hilft der Verjüngungsschnitt. Er dient dem teilweisen Neuaufbau des Baumes. Durch den Schnitt wird der Baum zur Bildung neuer Triebe angeregt. Diese Eigenschaft kann man sich auch bei überbauten und verkahlten Kronen, bei Hagel- oder Frostschäden oder älteren Bäumen, die umgepflanzt wurden, zunutze machen.

Der Verjüngungsschnitt kann bei allen Obstarten durchgeführt werden. Er findet in der Regel während der Vegetationsruhe im Winter statt, lediglich bei Aprikosen, Pfirsichen, Süß- und Sauerkirschen empfiehlt sich ein Schnitt nach der Ernte.

Sind größere Eingriffe nötig, so kann die Arbeit auf zwei oder drei Jahre verteilt werden.

Älterer Apfelbaum vor dem Verjüngungsschnitt …

… und danach

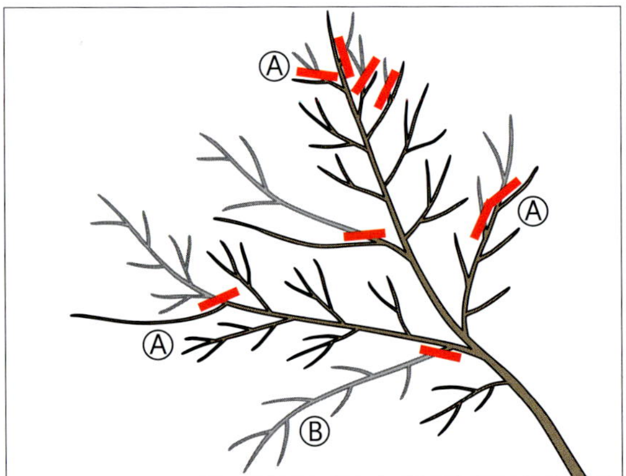

Verjüngung: Grundsätzlich schneidet man stark verzweigte Triebe auf einen wenig verzweigten, leicht nach oben gerichteten Seitenast zurück (A). Hängende, stark verzweigte Triebe werden komplett herausgeschnitten (B).

Schritt für Schritt

Man beginnt, falls dies notwendig ist, mit dem Entfernen eines oder mehrerer Leitäste, wenn diese sich zu stark gesenkt haben und von jungen, kräftigen Ästen überbaut werden. Man wird auf gut verteilte, kräftige und gesunde Äste aufleiten und diese zu neuen Leitästen aufbauen. Die Stammverlängerung wird im Verhältnis zu den Leitästen zurückgenommen. Wo keine Möglichkeit mehr besteht, die Mitte zu verjüngen, entfernt man sie ganz und erzieht eine Hohlkrone.

Gleichzeitig muss eine Verjüngung des Fruchtholzes vorgenommen werden. Langes Fruchtholz wird auf die gewünschte Länge eingekürzt, überflüssige, zu dicht stehende Triebe werden an der Basis entfernt, ebenso wie alle nach innen in die Krone weisenden Äste und Zweige. Nach unten abgesenkte Triebe nimmt man bis zu dem an der Oberseite entwickelten Konkurrenztrieb zurück und baut mit ihm neues Fruchtholz auf. Der Baum zeigt den Erfolg der Maßnahme durch den Austrieb zahlreicher neuer Triebe im Kronenbereich an. Dieser Neuzuwachs wird entweder schon im folgenden Sommer, auf jeden Fall aber im kommenden Winter, einem Erziehungsschnitt unterzogen, der sich je nach Obstart über zwei bis drei Jahre erstrecken kann. Anschließend wird der Baum jährlich sorgsam und konsequent geschnitten. Auf diese Weise kann der Alterungsprozess über Jahre hinausgezögert werden.

Verjüngen beim Umpflanzen älterer Bäume

Plant man, größere und ältere Bäume umzupflanzen, so erleichtert ein im Jahr vor der Verpflanzung durchgeführter Verjüngungsschnitt das spätere Anwachsen des Baumes an seinem neuen Standort. In den Monaten dazwischen haben die Wunden Zeit zu verheilen.

Verjüngung als Hilfe für beschädigte Bäume

Wurde eine Baumkrone durch Frost, Hagel, Sturm oder andere Beschädigungen stark in Mitleidenschaft gezogen, hilft ein Verjüngungsschnitt dem Baum, sich wieder zu regenerieren. Auch wenn die Wurzeln beschädigt wurden, ist eine Verjüngung empfehlenswert. Handelt es sich um alte, falsch oder zu selten geschnittene Bäume, die erhalten werden sollen, ist es ratsam, die zur Verjüngung nötigen Schnittmaßnahmen auf zwei Jahre zu verteilen.

Spaliere verjüngen

Spaliere, die über Jahre hinweg nicht geschnitten und erzogen wurden, bilden in der Regel kein Fruchtholz aus, sondern stattdessen viele kräftige und senkrecht nach oben wachsende Äste. Diese werden so weit zurückgeschnitten, bis mit einem starken Neutrieb wieder die ursprüngliche Spalierform aufgebaut werden kann.

Verjüngung von Beerenobst

Beerenobst	Verjüngungsschnitt
Johannisbeere	Alle Triebe bis auf 4 bis 5 bodennah abschneiden. Die bleibenden Triebe auf den tiefsten nach außen weisenden Seitentrieb ableiten. Sich daraufhin neu bildende Bodentriebe werden im nächsten Jahr um ein Drittel eingekürzt. Die alten 4 bis 5 Leittriebe werden dann entfernt.
Stachelbeere	Einige der alten Leitäste direkt über dem Boden abschneiden. Bei Hochstämmchen alte Leitäste auf junge Triebe zurücksetzen, die als neue Leitäste aufgebaut werden. Ständig auslichten!
Himbeere / Brombeere	Im zeitigen Frühjahr einen radikalen Rückschnitt bis zum Boden durchführen. Gerüst anbringen, um die Pflege neuer Triebe zu erleichtern.
Kiwi	Im zeitigen Frühjahr alte, vergreiste Fruchttriebe bis zum Leitast zurückschneiden. Im Sommer fruchttragende Triebe auf 5 bis 7 Blätter einkürzen. Vorsicht: Triebe splittern leicht!
Weinrebe	Lange Triebe so weit wie gewünscht zurücknehmen. Problemlose Verjüngung möglich, da verbleibende Augen gut austreiben.

Schnittfehler vermeiden

Damit das gesunde Wachstum der Obstbäume nicht gestört wird, sollte darauf geachtet werden, möglichst keine Schnittfehler zu begehen.

Die Verwendung einer Baumschere

Achten Sie immer darauf, Äste und Triebe mit einem einzigen glatten Schnitt durch einmalige Betätigung der Schere zu entfernen, um unnötige Verletzungen durch wiederholtes Ansetzen der Schere zu vermeiden.

Mit einer Schere sollten prinzipiell nur Äste bis maximal 2,5 cm Durchmesser entfernt werden, wobei der zu entfernende Ast mit der freien Hand etwas in die Schnittrichtung gedrückt wird. Dadurch wird einerseits die Arbeit erleichtert und andererseits bleibt die Schnittstelle ohne Quetschungen.

Für dickere Äste bietet sich die Verwendung einer Säge an.

Der richtige Rückschnitt auf die Knospe

Wurde der Schnitt zu nah an der Knospe durchgeführt und überragt diese das Ende der Schnittstelle, bleibt der sich aus dieser Knospe entwickelnde einjährige Trieb schwach. Schon bei geringer Belastung bricht er später ähnlich einem Schlitzast aus.

Richtig wird der Schnitt an der Ast- oder Zweiggegenseite zur Knospe in Höhe des Knospenbeginns angesetzt und leicht schräg nach oben geführt, sodass die Spitze der Knospe gerade noch frei sichtbar ist. Es entsteht so eine leicht schräge Schnittfläche, die nur eine kleinstmögliche Wunde bedingt. Wasser kann gut ablaufen. Die Knospe ist geschützt.

Rinden- und Holzverletzungen beim Schneiden

Scheren, Sägen und sonstige Schnittwerkzeuge sollten vor Gebrauch unbedingt kontrolliert werden. Schärfen und ölen Sie die Geräte, bis sie leicht zu handhaben sind und einen möglichst glatten Schnitt ergeben. Fehlen Ihnen dazu die geeigneten Instrumente, können Sie Ihre Schnittwerkzeuge auch im Fachhandel überholen lassen.

Durch stumpfes, nicht geöltes oder nur schwer gängiges Werkzeug verursacht man beim Schneiden Quetschwunden. Dabei entstehen Einrisse in die Rin-

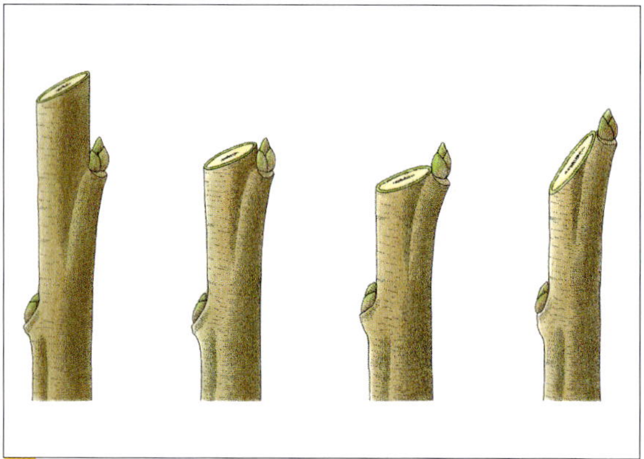

Rückschnitt auf Knospen: Zu lang angeschnitten (a), richtig angeschnitten (b), zu nah an der Knospe angeschnitten (c), zu schräg angeschnitten

Lassen Sie mindestens einen der Wasserschosse stehen. Dieser wird sich verzweigen und fruchten. Auf diese Weise wird das Spitzenwachstum gebremst.

Dieser Obstbaum wurde falsch geschnitten. Als Folge bildeten sich zahlreiche Wasserschosse.

de, und der Rand der Schnittfläche ist nicht glatt, sondern fühlt sich rau und ausgefranst an.

Zu viele Wasserschosse

Bei Wasserschossen handelt sich in der Regel um dünne, rutenförmig nach oben wachsende Triebe auf den Astoberseiten, meist als Folge eines zu starken Winterschnitts. Die Baumkrone wird dadurch zu dicht und es kann zu wenig Licht und Sonne in das Kroneninnere gelangen. Infolgedessen erlangen nur wenige Früchte ihre sortentypische Färbung. Zudem entwickeln sich zu wenige Blütenknospen für das kommende Jahr.

Abhilfe schafft ein Ausreißen der überflüssigen Wasserschosse im Juni – man spricht dann vom Juniriss. Ab Mitte August, wenn das Triebwachstum abschließt, führt man einen Sommerschnitt durch. Haben sich besonders viele Wasserschosse gebildet, werden jedoch nicht alle entfernt, sondern man dünnt nur stark aus, damit die verbleibenden Wasserschosse im kommenden Jahr Blütenknospen ansetzen und Früchte tragen können.

Fehler bei der Spindelerziehung

Oft werden in kleinen Hausgärten die Seitenäste von Spindelbäumen eingekürzt, weil fälschlicherweise davon ausgegangen wird, dass man den Baum auf diese Weise in der gewünschten schmalen Form halten kann. Der Baum reagiert jedoch mit dem Gegenteil: Er treibt stark an den eingekürzten Seitentrieben aus und die Baumkrone wird breiter.

Entfernen Sie steil wachsende Triebe in der Nähe des Mitteltriebes bzw. Stammes komplett. Lassen Sie aber, auch wenn es schwerfällt, die Seitentriebe ungeschnitten.

Zu starker Schnitt

Hat man in den ersten Jahren alle Leitäste und Seitentriebe eines Baumes zurückgeschnitten, so hat der Baum darauf mit starkem Neuaustrieb reagiert. Die Krone wurde sehr dicht, im Innern des Baumes ist es schattig, was sich negativ auf die Gesundheit des Baums und die Qualität der Früchte auswirkt.

Schnittfehler bei Beerenobst

Das Hauptproblem bei Beerensträuchern besteht oft darin, dass alle Triebe auf die gleiche Höhe zurückgeschnitten wurden und die Äste daraufhin im Kronenbereich stark austreiben und zu dicht stehen. Die Blätter beschatten sich somit gegenseitig, die Beeren bleiben klein und schmecken weniger intensiv. Durch das Herausschneiden ganzer Triebe wird ausgelichtet. Jetzt kann wieder mehr Licht nach innen dringen. Die Früchte werden aromatischer und lassen sich außerdem leichter ernten. Ein ähnliches Problem entsteht, wenn man bei Himbeeren am Gerüst keine oder zu wenige Ruten entfernt. Die neuen Seitentriebe bekommen im nächsten Jahr zu wenig Platz, die an ihnen wachsenden Früchte bleiben klein. Schneiden Sie im Herbst die abgetragenen letztjährigen sowie zu dünne, dicke oder kurze einjährige Ruten heraus. Lassen Sie nur etwa acht bis zehn einjährige Ruten pro laufendem Meter stehen.

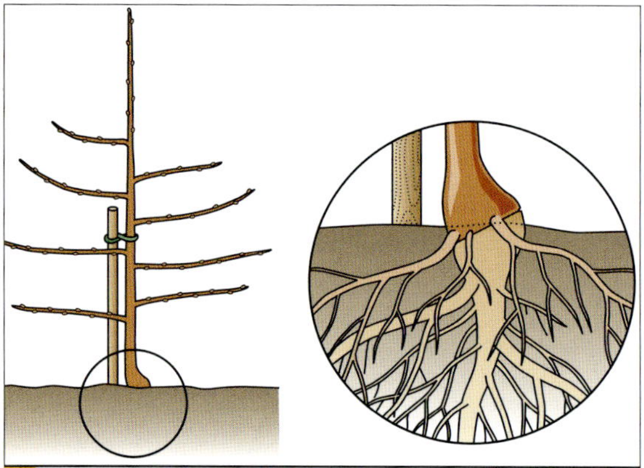

Vorsicht: Befindet sich die Veredlungsstelle unter der Erde, bildet die Edelsorte eigene Wurzeln, die die Eigenschaften der schwachwüchsigen Unterlage außer Kraft setzt.

Kürzen Sie den Mitteltrieb und die Leitäste ein. Die Seitentriebe werden nicht geschnitten. Schneiden Sie die Konkurrenztriebe des Mitteltriebs und der Leitäste komplett heraus, damit die Krone wieder lichtdurchlässiger wird.

Zu starkes Wachstum

Überschreitet der gepflanzte Baum die vorgesehene und unterlagentypische Größe, sodass der vorgesehene Standraum nicht mehr ausreicht, sollten wenig oder gar keine Schnitteingriffe an der Krone durchgeführt werden. Auch auf eine zusätzliche Düngung sollte verzichtet werden. Das Waagrechtbinden steil stehender Fruchtäste verringert das Wachstum.
Ein Wurzelschnitt im Spätwinter oder im zeitigen Frühjahr (Februar/März) hilft, das Baumwachstum zu bremsen und den Ertragsbeginn zu fördern. Beim Wurzelschnitt verkürzt man die Wurzeln, indem man mit einem Spaten 30 bis 40 cm vom Stamm entfernt rings um den Baum spatentief in den Boden sticht. Durch das verkleinerte Wurzelvolumen wird das Wachstum des Baumes verringert. Diesen Vorgang wiederholt man bei Bedarf alle zwei bis drei Jahre.
Achten Sie in diesem Zusammenhang auch immer darauf, dass sich die Veredlungsstelle eines Obstbaums immer über der Bodenoberfläche befindet. Ansonsten kann die stärker wüchsige Edelsorte eigene Wurzeln bilden und die Schwachwüchsigkeit der Unterlage setzt sich nicht mehr durch.

Schlitzäste

Wurde versäumt, beim Schnitt Konkurrenztriebe (senkrecht hochwachsende Triebe mit einem Winkel von weniger als 30° zur Stammverlängerung) zu entfernen, bleibt zwischen diesen Ästen und der Stammverlängerung Wasser in den feinen Vertiefungen der Rinde stehen. Dadurch entstehen Fäulnisstellen. Gefriert das Wasser, kann das Holz gesprengt werden. Als Folge bricht dieser Ast schon bei geringer Belastung ab und schlitzt den Stamm auf.
Achten Sie schon beim Aufbau- und Erziehungsschnitt konsequent darauf, alle zu steil stehenden Trie-

Beispiel für einen Konkurrenzast zum Mitteltrieb, der ausgebrochen ist (Schlitzast).

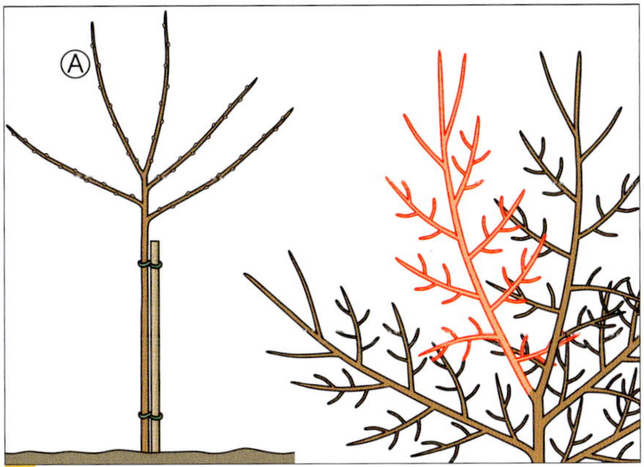

Entfernt man den Konkurrenzast (A) zum Mitteltrieb nicht, bildet der Baum zwei Mitteltriebe aus und droht später auseinanderzubrechen

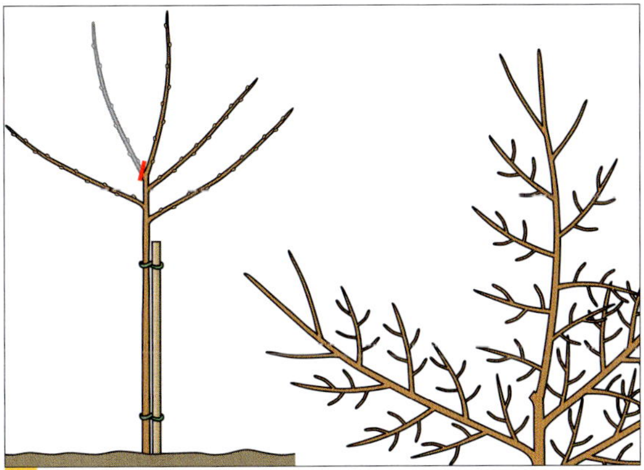

Der Konkurrenztrieb zum Mitteltrieb sollte nach der Pflanzung entfernt werden, damit sich eine stabile Krone entwickeln kann.

be, die sich in der Folgezeit zu Schlitzästen entwickeln, zu entfernen. Auch beim Erhaltungsschnitt sollte das Entstehen von Schlitzästen verhindert werden.

Konkurrenztriebe

Entfernt man beim Pflanzschnitt den Konkurrenztrieb zum Mitteltrieb nicht, entwickelt sich dieser im Lauf der Zeit genauso stark wie die Mitte. In späteren Jahren besteht die Gefahr, dass der Baum auseinanderbricht. Zudem führt die doppelte Mitte dazu, dass die Leitäste zu wenig Licht bekommen. Der Konkurrenztrieb muss entfernt werden.
Mit den Konkurrenztrieben der Leitäste verhält es sich ähnlich. Wurde versäumt, diese Triebe zu entfernen, entsteht ein Schattendach, das die darunterstehenden Äste im Lauf der Zeit absterben lässt. Die Konkurrenztriebe müssen so bald wie möglich entfernt werden.

Krankheitsherde im Baum

Findet man erste Krankheitsanzeichen an Triebspitzen, so schneidet man jederzeit und sofort bis ins gesunde Holz zurück. Die kranken Zweige werden entfernt und entsorgt. Wenn man sie am Boden liegen lässt, können weitere Infektionen erfolgen. Ebenso werden abgebrochene Zweige fachgerecht entfernt.

Sind ganze Astpartien von Krankheiten wie Zweigmonilia oder Mehltau befallen, die sich immer weiter ausbreiten, muss man den Schnitt an den Baum bzw. Strauch anpassen, indem man nicht nur während des Winters in der vegetationslosen Zeit Schnittmaßnahmen durchführt, sondern diese das ganze Jahr über je nach Bedarf vornimmt.

Schneiden Sie alle Triebe, die von der Monilia-Spitzendürre, einem pilzlichen Schaderreger, befallen sind, schnellstmöglich bis ins gesunde Holz zurück und entsorgen Sie die kranken Astpartien.

Obstbäume veredeln

Alle Obstarten und -sorten mit Ausnahme von Walnussbäumen lassen sich ohne Schwierigkeiten veredeln oder umpfropfen. Man kann dadurch, wenn beispielsweise der Platz für weitere Obstbäume im kleinen Hausgarten fehlt, Befruchtungsschwierigkeiten aus dem Weg gehen, indem man eine zweite oder auch dritte Sorte auf einen Obstbaum veredelt.
Das Umpfropfen kann gut an älteren Bäumen im Hausgarten durchgeführt werden, Kopulation und Okulation finden vor allem in Baumschulen statt.

Werkzeug – das brauchen Sie

Für die Schnittarbeiten sind Gartenscheren und für das Abwerfen größerer Äste eine Säge, am besten eine Bügelsäge mit Spannhebel, empfehlenswert.
Veredlungsmesser gibt es in unterschiedlichen Ausführungen: Das Kopuliermesser kommt sowohl beim Kopulieren als auch beim Pfropfen zum Einsatz. Da glatte Schnitte ausgeführt werden sollen, ist die Griffigkeit des Heftes besonders wichtig. Deshalb weisen die Klingen auch eine gerade Schnittfläche auf, die nur an der Oberseite, d. h. der Ballenseite, geschliffen ist. Die Unterseite bleibt ungeschliffen. Noch stärker und mit einer breiten Klinge versehen ist die Hippe. Diese ermöglicht glatte Schnitte und einwandfreies Arbeiten bei stärkeren Reisern, erleichtert das Arbeiten beim Geißfußpfropfen und wird unentbehrlich beim Glattschneiden von Pfropfköpfen, Unebenheiten an der Rinde usw.
Für Linkshänder gibt es spezielle Messer im Fachhandel.

Die richtige Vorbereitung

Zu Beginn werden die Äste ausgewählt, die nach der Veredlung die Hauptäste für den neuen Kronenaufbau bilden sollen. Grundsätzlich sollte die Krone neben dem Mitteltrieb aus drei bis vier etwa gleichstarken und regelmäßig um die Mitte verteilten Leitästen bestehen. Alle überflüssigen Äste werden herausgenommen. Danach wird die Länge der verbleibenden

Utensilien: Gartenschere, Säge für größere Äste, Veredlungsmesser (z.B. Hippe, Kopuliermesser), Bast und Baumwachs zum Verstreichen.

Umpfropfen: Mindestens bleistiftdicke Edelreiser (2 bis 3 pro Pfropfkopf) mit glatter Rinde und leicht verdickten Knospen einschieben.

Äste festgelegt, an denen das Umpfropfen vorgenommen werden soll, wobei die Mittelachse die Seitenäste immer überragen muss. Im Zweifelsfall sollte man die Äste lieber etwas länger lassen. Dabei ist zu beachten, dass umso mehr Pfropfköpfe angebracht werden müssen, je länger die Leitäste bleiben. Wenn der Baum bereits im Winter vorbereitet wird, legt man die Abwurfstelle etwa 20 bis 30 cm über der gewählten Pfropfstelle fest und kürzt später das Holz ein – so wird ein Austrocknen verhindert. Ebenso müssen einige Zugäste stehen bleiben, deren Blätter die Ernährung des Baums gewährleisten. Diese Zugäste müssen mindestens 50 cm von den Pfropfköpfen entfernt sein und werden in den nächsten zwei bis drei Jahren nach und nach entfernt. Sollte eine Pfropfstelle ausfallen, so kann im nachfolgenden Jahr eventuell eine Nachveredlung auf den Zugast erfolgen.

Aufbewahrung der Edelreiser

Edelreiser für die Veredlung schneidet man während der Winterruhe, am besten Ende Dezember oder im Januar – jedoch nicht bei starkem Frost. Vor allem Steinobstreiser dürfen nicht zu spät geschnitten werden. Die einjährigen Ruten sollten kräftig sein und nicht unter der Stärke eines Bleistifts liegen. Mit zunehmender Stärke wird auch das Veredeln schwieriger. Nach dem Schneiden werden die Reiser etikettiert, gebündelt und am besten in einem ca. 5 °C kühlen, feuchten Kellerraum aufbewahrt, wo sie etwa 10 cm tief in leicht angefeuchteten Sand gesteckt werden. Bei den besonders empfindlichen Kirschenreisern empfiehlt es sich, die Schnittstellen mit Baumwachs zu verstreichen. Keinesfalls dürfen die Reiser bei der Lagerung in der Nähe von Äpfeln stehen. Das bei der Apfellagerung frei werdende Ethylen kann ein vorzeitiges Austreiben der Reiser verursachen.

Auf diesen älteren Baum wurden verschiedene Sorten aufveredelt.

Edelreis und Unterlage müssen verwachsen: Veredlungsstelle mit Bast umwickeln, damit nichts verrutscht, anschließend mit Baumwachs verstreichen.

Umpfropfen – so geht's

Wenn die Bäume Ende April/Anfang Mai richtig im Saft stehen, kann mit dem Umpfropfen bei allen Obstarten begonnen werden. Die Reiser sollten das gleiche Aussehen haben wie bei der Einlagerung (glatte, straffe Rinde) und ein einwandfreies, grünes Gewebe aufweisen. Die Knospen sollten nur leicht verdickt sein. Es hilft den Reisern, wenn man sie einige

Verbessertes Rindenpfropfen

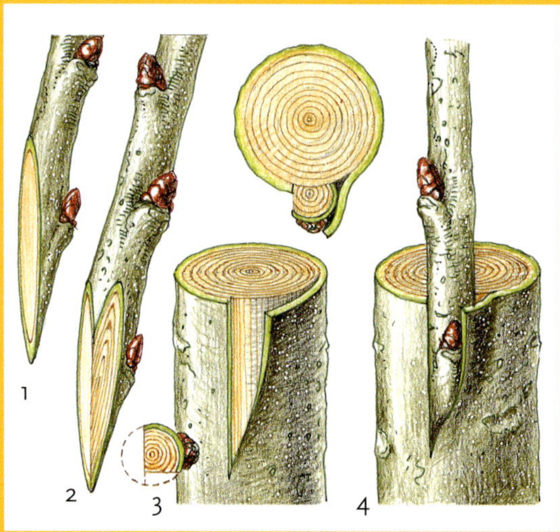

Beim verbesserten Rindenpfropfen wird am Reis ein einfacher Kopulationsschnitt (schräge Schnittfläche) ausgeführt (1). Die etwa das Sechsfache des Durchmessers des Edelreises betragende schräge Schnittfläche muss vollkommen glatt sein. Im rechten Winkel dazu erfolgt über die gesamte Schnittlänge ein flacher Zusatzschnitt (2). An der Außenseite muss sich etwa in Höhe der Mitte der Schnittfläche eine Knospe befinden. Am frisch abgesägten Pfropfkopf wird die Rinde etwas länger als der Kopulationsschnitt eingeschnitten, und ein Rindenflügel gelöst (3). Das Reis wird vorsichtig eingesetzt und der exakte Sitz überprüft. Die schwach angeschnittene Seite liegt am nicht gelösten Teil des Pfropfkopfes an (4). Abschließend wird die Veredlung mit Bast verbunden.

Stunden vor der Veredlung in kaltes Wasser legt oder sie mit feuchten Tüchern umwickelt.

An den Propfköpfchen wird die Rinde eingeschnitten und einseitig vom Holz abgelöst. Das Edelreis erhält einen langen, schrägen Schnitt (ovale Schnittfläche), im rechten Winkel dazu wird ein kleinerer Schnitt ergänzt. Die kleinere Schnittfläche wird an der ungelösten Rinde angelegt, dann schiebt man das Edelreis ein.

Für eine erfolgreiche Veredlung müssen Reis und Unterlage verwachsen. Deshalb muss beim Binden darauf geachtet werden, dass kein Verrutschen möglich ist. Das beste Bindematerial ist Bast. Nach dem Binden werden alle Schnittstellen von Edelreis und Unterlage mit Baumwachs verstrichen und das Ende des Bindematerials wird nach dem Verknoten mit Baumwachs gesichert.

Kopulation

Wenn Unterlage und Edelreis etwa die gleiche Stärke aufweisen, empfiehlt sich das Kopulieren. Es wird wie beim Rindenpfropfen ein sogenannter Kopulationsschnitt ausgeführt, diesmal jedoch an beiden Partnern. Man bindet die Schnittstellen mit Bast fest. Der Erfolg zeigt sich am Engerwerden bzw. Einwachsen des Bastes, der dann vorsichtig mit einem scharfen Messer gelöst werden muss.

Geissfusspfropfen

Ist die Unterlage stärker als das Edelreis, empfiehlt sich das Geißfußpfropfen. Diese Methode kann bereits ab Ende Februar angewandt werden, was vor allem bei Steinobst das Anwachsen fördert; sie eignet sich auch bei Kirschen im August und September.

Am Pfropfkopf wird ein Keil im Winkel von 45 bis 80° herausgeschnitten. Nun wird am Edelreis ein gegengleicher Keil zugeschnitten. Beim Einfügen des Edelreises ist zu beachten, dass sich die Kambien beider Partner an der gesamten Länge berühren müssen. Der Anfang der Schnittstelle des Edelreises muss über dem Pfropfkopf noch sichtbar sein. Nun wird die Schnittstelle von oben nach unten mit Bast verbunden. Dem Edelreis werden in Bodennähe drei, bei höherer Kronenveredlung vier bis sechs Augen belassen. Pfropfkopf und Bast werden mit Baumwachs bestrichen.

Spezieller Schnitt: Baumobst

Apfel

Will man das Triebwachstum eines Apfelbaumes *(Malus domestica)* anregen, führt man folgerichtig einen Winterschnitt durch, während man dagegen zu triebige Bäume im Sommer schneiden wird, denn dem Sommerschnitt folgt ein deutlich verringertes Wachstum.

Wichtig ist ein konsequenter Aufbau von Fruchtholz. Zu steil stehende Triebe werden in die Waagerechte gebunden, überzählige Triebe beim Sommerschnitt an der Basis entfernt und zu lange Triebe auf eine triebunterseits stehende Knospe zurückgeschnitten.

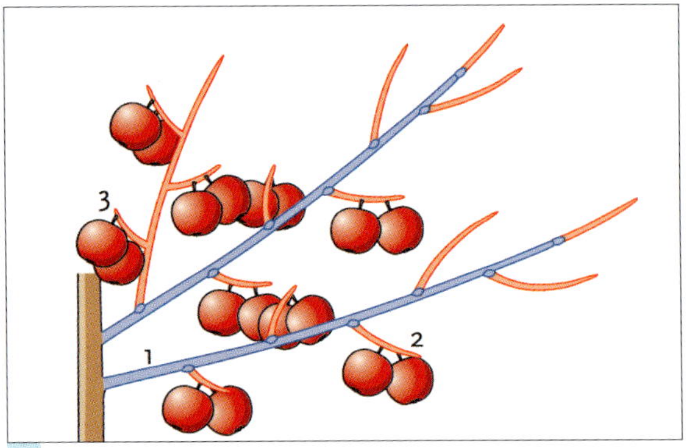

Bei Apfel und Birne entwickeln sich aus den einjährigen Langtrieben (1) kürzere Seitentriebe (2 und 3), die die Früchte tragen (Fruchtholz).

Fünfjährige Apfelspindel: Eine Spindel hat keine Leitäste. Wichtig ist bei dieser Kronenform ein konsequenter Aufbau von Fruchtholz.

Spindel

Für eine Spindelkrone eignen sich schwachwüchsige Unterlagen am besten, da hier mit geringen Schnittarbeiten leichter die gewünschte Größe erreicht wird. Die Veredlungsstelle sollte sich mindestens 15 cm über dem Boden befinden.

Man beginnt in 50 cm Stammhöhe mit dem Aufbau der Fruchtäste, alle tiefer befindlichen Verzweigungen werden an der Basis entfernt. Bei Erreichen der gewünschten Baumgröße beschränkt sich der Schnitt dann auf das Entfernen abgetragener Triebe und das Auslichten.

Es ist allerdings für eine ständige Fruchtholzerneuerung zu sorgen, da Äpfel sich am zwei- und dreijährigen Holz am besten entwickeln.

Pyramidenkrone

Eine Pyramidenkrone wird man vorzugsweise beim Nieder-, Halb- oder Hochstamm auf stärker oder stark wachsenden Unterlagen erziehen.

Für die Bildung einer naturnahen, schönen Krone ist der Pflanzschnitt von besonderer Bedeutung. Dabei werden der Mitteltrieb und die drei bis vier für Leitäste vorgesehenen Seitentriebe um die Hälfte bis zu einem

Apfel-Hochstamm mit zu gutem Fruchtbehang

Äpfel der schorfresistenten Sorte 'Florina'

Drittel eingekürzt, wobei der Mitteltrieb die Leitäste um etwa 15 cm überragen sollte.

In den Folgejahren baut man an den Leitästen in etwa 50 cm Abstand Fruchtäste auf und entfernt überflüssige Konkurrenztriebe sowie nicht benötigte, steil aufrecht wachsende Triebe.

An den mehrere Jahre dauernden Kronenaufbau schließt sich ein regelmäßiger Überwachungsschnitt an, bei dem nach unten hängendes sowie älter als dreijähriges Fruchtholz auf einen entsprechenden Trieb aufgeleitet oder entfernt wird.

Hecke

Eine Hecke am Drahtgerüst mit Zwei- oder Dreiastkronen erzieht man beim Kernobst mit zwei Leitästen ohne Mitte beziehungsweise zwei Leitästen mit Mittelstamm. Beim Aufbau ist darauf zu achten, dass möglichst gleich starke seitliche Verzweigungen an beiden sich gegenüberliegenden Seiten des Mitteltriebes als Leitäste aufgebaut werden; diese müssen parallel zum Gerüst stehen.

Der Mitteltrieb bei der Dreiastkrone muss in den ersten Jahren immer etwas kürzer sein als die Leitäste. Weitere Schnittmaßnahmen erfolgen wie bei der Pyramidenkrone.

Einzelner Apfelbaum mit einer Dreiastkrone (2 Leitäste und Stammverlängerung). Diese Form eignet sich auch gut zur Erziehung einer Hecke.

Birne

Birnbäume *(Pyrus communis)* stellen höhere Ansprüche an Klima, Standort (warm) und Boden (humos, nährstoffreich, tiefgründig) als Apfelbäume. Zudem sind sie frostempfindlicher, vor allem in Bezug auf Spätfröste, da sie früher blühen.

Birnbäume tragen am zweijährigen, kurzen Holz, setzen aber auch an steil nach oben wachsenden Trieben Blüten an. Durch die Entwicklung langer, steil wachsender Triebe kann es zur Überbauung der Krone kommen. Hier hilft nur ein konsequenter Schnitt, wobei man eventuell sogar stärkere Äste herausnehmen muss. Birnbäume können sowohl einem Winter- als auch Sommerschnitt unterzogen werden.

Birnen-Spindel

Für die Spindel nimmt man als Unterlage die schwach wachsende Quitte. Nach der Pflanzung schneidet man die Mitte etwa 50 cm über den geplanten Fruchtästen an, diese werden um ein Drittel bis zur Hälfte eingekürzt und, falls nötig, waagerecht gebunden. Beim ersten Winterschnitt kürzt man den Mitteltrieb je nach erreichter Länge um ein Drittel bis zur Hälfte ein. Gut mit Knospen garnierte Fruchtäste werden nicht angeschnitten. Will man die Triebbildung anregen, werden die Äste leicht eingekürzt. Die weitere Erziehung entspricht der Apfelspindel.

Ein gute Belichtung und Sonneneinstrahlung in das Kroneninnere ist bei der Birne besonders wichtig. Bei einem jährlichen Schnitt im Spätsommer werden daher junge, überzählige Konkurrenztriebe herausgeschnitten oder auf einen Stummel zurückgeschnitten.

Pyramidenkrone bei Birne

Die Erziehung einer Pyramidenkrone bei der Birne entspricht der des Apfelbaumes (siehe S. 34).

Die Leitäste dürfen nicht zu steil stehen. Durch Spreizen mit ein Holzkeil können sie in den richtigen Winkel gebracht werden.

Birnen-Hecke

Da Birnen sehr wärmebedürftig sind, hat sich bei größeren Bäumen wegen der besseren Belichtung be-

Filigrane Kunstwerke der Natur - weiße Birnenblüten im Frühling

Die Birnensorte 'Conference' ist robust und frosthart. Ihre Früchte schmecken saftig süß.

Altes Birnenspalier in Doppel-U-Form an einer geschützten Hauswand – ein idealer Platz für die wärmebedürftige Birne.

Birnbaum mit Dreiastkrone – diese Kronenform eignet sich aufgrund der guten Belichtung besonders gut für die Erziehung einer Birnenhecke.

sonders die Erziehung als Hecke mit einer Dreiastkrone bewährt. Das Drahtgerüst mit vier Spanndrähten wird schon vor der Pflanzung erstellt. Man erzieht den jungen Baum (vorzugsweise eine zweijährige Veredlung auf Quitte mit einer Stammhöhe von 60 bis 70 cm) mit einem Mitteltrieb und zwei seitlichen Leittrieben, die in einem Winkel von 60° an dem Gerüst befestigt werden (am besten mit Bast). Nach der Pflanzung schneidet man die zwei sich gegenüberliegenden Leittriebe bis auf 50 cm zurück, der Mitteltrieb bleibt länger, wird aber auch etwas zurückgenommen. Die übrigen Triebe werden an der Basis abgeschnitten. Beim ersten Winterschnitt werden die Leitäste um die Hälfte eingekürzt, der Mitteltrieb wird leicht eingekürzt: Es sollen sich etwa in 1 bis 1,2 m Höhe zwei Fruchtäste bilden können, die später parallel zu den unteren Leitästen erzogen werden. Starke neue Seitentriebe an den Leittrieben werden entfernt oder – bei schlechter Garnierung – auf ein bis zwei Knospen zurückgeschnitten. Man hält die Bäume schmal und sorgt laufend für Fruchtholzerneuerung.

Sehr gut gepflegte Birnen-Pyramidenkrone. Bei der Birne wird diese Kronenform vor allem bei der stark wachsenden Sämlingsunterlage gewählt.

Quitte

Quittenbäume *(Cydonia oblonga)* sind aufgrund ihrer wunderschönen großen, rosafarbenen Blüten im späten Frühjahr und der leuchtenden Früchte im Herbst nicht nur ein Schmuck für den Obstgarten.
Man unterscheidet entsprechend ihrem Aussehen Apfel- und Birnenquitten. Apfelquitten haben ein sehr aromatisches, hartes und trockenes Fruchtfleisch, Birnenquitten sind etwas weicher und daher leichter zu verarbeiten, aber dafür weniger intensiv im Geschmack.

Pflanzschnitt

Quittenbäume erzieht man auf einer Stammhöhe von 50 bis 60 cm als Buschbaum entweder mit einer Hohlkrone oder einer breiten Pyramidenkrone mit jeweils drei bis vier Leitästen.
Der Pflanzschnitt erfolgt wie beim Apfel. Als Leittriebe wählt man drei bis vier rund um die Mitte in unterschiedlicher Höhe stehende Seitentriebe aus, die um etwa ein Drittel auf ein an der Triebunterseite befindliches Auge eingekürzt werden.

Quittenbäume blühen rosafarben.

Aufbauschnitt

Der Aufbauschnitt erfolgt ebenfalls wie beim Apfel. Hat sich die gewünschte Krone gebildet, reicht ein gelegentliches Auslichten und etwa alle fünf Jahre ein Verjüngungsschnitt, bei dem der Baum durch einen Rückschnitt ins mehrjährige Holz zu neuem Austrieb angeregt wird.

Leuchtende Früchte einer Birnenquitte. Sie sind roh allerdings ungenießbar.

Quittenbaum mit duftenden Früchten – eine Zierde im spätsommerlichen Garten

Nashi

Bei der aus China stammenden Nashi *(Pyrus pyrifolia)* handelt es sich um eine Birnenart, die auch unter der Bezeichnung „Asienbirne“ oder „Chinesische Birne“ bekannt ist. An Standort und Klima stellen Nashi etwa die gleichen Ansprüche wie unsere heimischen Birnen. Die Böden sollten leicht und nahrhaft sein und keine stauende Nässe aufweisen. In schweren, nassen und sehr kalkhaltigen Böden besteht eine verstärkte Neigung zu Chlorosen, die dann nur schwer zu bekämpfen sind. Für windgeschützte Lagen ist die Obstart dankbar. Spätfrostgefährdete Gegenden sind ungeeignet, da Nashi noch vor den Birnen ihre Blüten öffnen und dementsprechend frostempfindlich sind.
Wer einen Nashibaum im Garten pflanzen möchte, sollte ihm einen bevorzugten Platz geben, denn ähnlich wie die Quitte bietet auch der Nashibaum einen hohen Zierwert mit seinen großen, schneeweißen Blüten und dem reichen Fruchtbehang. Nashi sind selbstunfruchtbar, das heißt, sie benötigen eine zweite Sorte als Befruchter. Allerdings können auch unsere Birnensorten der Nashi als Befruchter dienen, wobei sie allerdings zur selben Zeit blühen und sich in der Nähe befinden müssen.

Die Blüten der Nashi-Birne duften süßlich.

Der richtige Schnitt bei Nashi

Die Pflanzung erfolgt wie bei unseren Birnen. Der frisch gepflanzte Baum benötigt eine Stütze, die bei schwach wachsenden Bäumen bleibt, bei stark wachsenden nach einigen Jahren entfernt werden kann. Der Pflanz- und Aufbauschnitt des Baumes entspricht ebenfalls dem der Birne. Allerdings müssen Nashi stärker zurückgeschnitten werden, da der Wuchs eher schwach ist und mit zunehmendem Alter noch weiter nachlässt.
Nashi neigen zu einem sehr starken Fruchtansatz, ohne jedoch Früchte abzuwerfen. Man sollte also ausdünnen und pro Blütenbüschel nicht mehr als eine Frucht belassen. Der ideale Abstand der Früchte am Baum beträgt mindestens 15 cm. Belässt man alle Früchte, fängt der Baum an, zu alternieren, d. h. er bringt das nächste Jahr keinen Ertrag, um dann im folgenden Jahr mit einer überreichen, aber kaum verwertbaren Ernte aufzuwarten.

Nashi-Früchte besitzen eine harte Haut und saftiges, süß-säuerliches Fruchtfleisch.

Sauerkirsche

Die selbstfruchtbare 'Gerema' ist schwachwüchsig und wenig anfällig gegenüber Monilia sowie der Schrottschuss- und Sprühfleckenkrankheit.

Sauerkirschen *(Pyrus cerasus)* lassen sich in zwei Schnittgruppen einteilen: Die eine trägt hauptsächlich am einjährigen Holz, hat einen zunehmend hängenden Wuchs und verkahlt leicht. Die andere trägt am zwei- und dreijährigen Holz und wächst deutlich aufrechter. Zur ersten Gruppe gehören z. B. 'Schattenmorelle' und 'Gerema', zur zweitgenannten die Sortengruppe 'Koröser Weichsel', 'Heimanns Rubinweichsel', 'Favorit' und 'Morina'. Man entscheidet sich vorzugsweise für niederstämmige Bäume, die Stammhöhe sollte 60 bis 70 cm keinesfalls überschreiten, man erzieht die Krone als Pyramiden- oder Hohlkrone.

Pyramidenkrone

Für den Aufbau einer Pyramidenkrone werden drei bis vier nicht zu steil stehende Leitäste ausgewählt, damit die Krone nicht zu dicht wird. Man schneidet die Stammverlängerung so weit an, dass sie mit den Leitästen eine Pyramide bildet und kürzt die ausgewählten Triebe um die Hälfte auf eine nach außen zeigende Knospe ein. Alle anderen Verzweigungen werden an der Basis entfernt. Sowohl die Leitäste wie der Mitteltrieb werden jedes Jahr zur Förderung der Triebneubildung leicht angeschnitten. Zu dicht stehende Triebe werden ausgelichtet. Nach fünf bis sechs Jahren ist die Krone aufgebaut und man kann sich auf den Erhaltungsschnitt beschränken.

Hohlkrone

Entscheidet man sich für eine Hohlkrone, wird der Mitteltrieb nach Abschluss des Kronenaufbaus entfernt. Damit wird der Lichteinfall in die Krone verbessert und die Pflege- und Erntearbeiten werden erleichtert. Diese Maßnahme bewirkt aber auch eine starke Neutriebbildung, die man durch Schnittmaßnahmen, wie Ableiten überflüssiger Verzweigungen, zur Bildung einer ausladenden Kronenform verwendet. Nach der Ernte entfernt man beim Auslichtungs-

Sauerkirschen-Hohlkrone mit vielen Früchten an langen Peitschentrieben

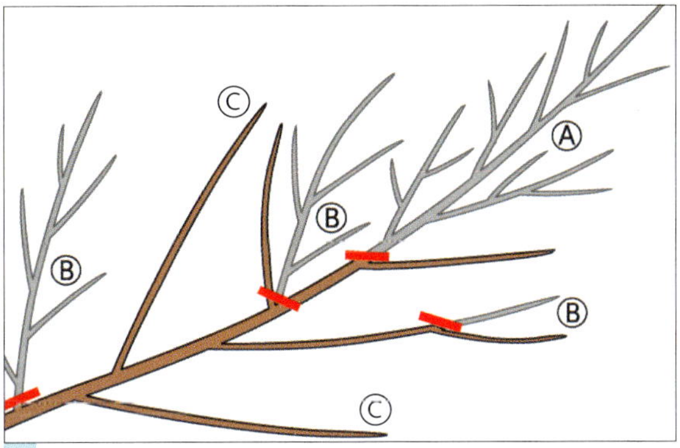

Schnittprinzip: Von der Spitze her wird auf einen starken, unverzweigten Seitentrieb (A) gekürzt. Verzweigte Seitentriebe (B) werden herausgeschnitten, unverzweigte Seitentriebe (C) bilden das Fruchtholz.

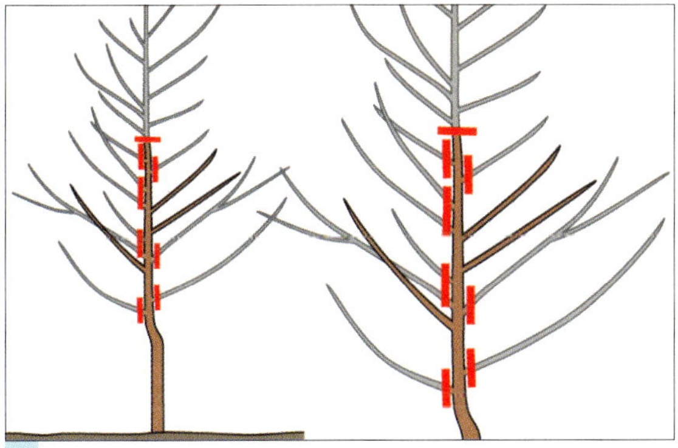

Beim Pflanzschnitt werden alle Triebe bis auf Kniehöhe entfernt. 3 Seitenäste werden als Leitäste ausgewählt, die anderen werden entfernt. Die Mitte wird etwa 5 Knospen oberhalb des letzten Seitenastes eingekürzt.

schnitt die ins Kroneninnere wachsenden Triebe. Die oft nur sehr dünnen Fruchttriebe sollten nach spätestens zwei Jahren an der Basis entfernt werden, da sie sonst verkahlen und stark überhängen. Besonders die Sorte 'Schattenmorelle' bildet häufig diese sogenannten Peitschentriebe, die entweder weggeschnitten oder auf einjährige Triebe aufgeleitet werden.

EXPERTEN-TIPP

Sauerkirschen eignen sich auch gut zur Erziehung am Fächerspalier. Südwände mit voller Sonneneinstrahlung sind allerdings nicht als Standort geeignet. Sauerkirschen lieben einen luftigen Platz mit ausreichender Feuchtigkeit.

Alte Sauerkirschbäume

Bei älteren Bäumen kann in der Winterruhe ein stärkerer Rückschnitt erfolgen, um den Baum zum Durchtrieb anzuregen. Verkahlte Äste können bis zu einem Drittel ihrer Länge eingekürzt werden. Entfernt werden auch stark hängende Triebe bis zu einer geeigneten Verzweigung oder bis zur Stammbasis.

Monilia

Beim Auftreten der Pilzerkrankung *Monilia* müssen alle absterbenden Äste schon nach der Blüte ohne Rücksicht auf die Kronenform entfernt werden, um eine Verbreitung der Krankheit zu verhindern.

Für ein Spalier sind wegen des Hitzestaus und des zu trockenen Bodens keine Südwände mit voller Sonne geeignet.

Süßkirsche

Aufgrund ihrer frühen Blüte im Frühjahr sind Süßkirschenbäume *(Pyrus avium)* durch späte Fröste gefährdet. Man sollte sie unbedingt an einen warmen, sonnigen Platz in einen nicht zu schweren und feuchten Boden pflanzen; bei leichten Böden ist auf ausreichende Feuchtigkeit und Nährstoffversorgung zu achten.
Da fast alle Süßkirschensorten selbstunfruchtbar und deshalb auf den Blütenstaub anderer Sorten angewiesen sind, sollte man immer verschiedene Sorten pflanzen. Falls dies aus Platzmangel im Garten nicht möglich ist, veredelt man auf den vorhandenen Baum eine entsprechende Befruchtersorte auf.
In Baumschulen werden seit einiger Zeit auch Süßkirschenbäume auf schwach wachsenden Unterlagen, vor allem 'Gisela 6', aber auch 'Colt', 'Weiroot' und andere angeboten. Diese Bäume bleiben kleiner; sie erreichen nur etwa die Größe eines Sauerkirschenbaumes. Ein weiterer Vorteil der schwachwüchsigen Bäume besteht darin, dass die Früchte leichter vor Regen (Aufplatzen) geschützt werden können, indem man die Krone mit einer Folie abdeckt.

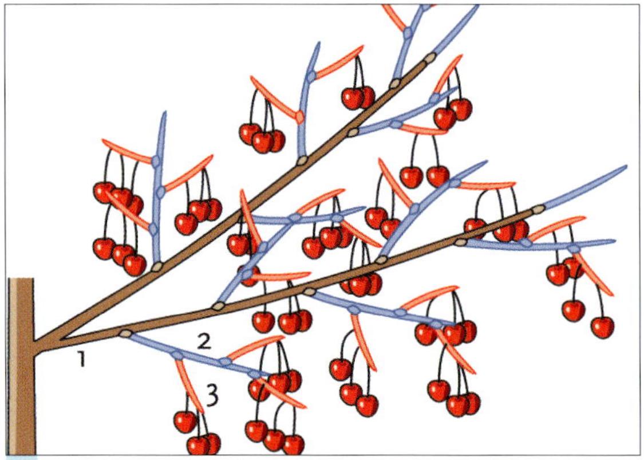

Süßkirschen sind sehr starkwüchsig. Aus den einjährigen Langtrieben (1) wachsen lange Seitentriebe (2). Die folgenden Seitenverzweigungen (3) wachsen schwächer und bilden Blüten aus.

Junger Süßkirschenbaum nach dem Schnitt

Pyramidenkrone

Süßkirschenbäume erzieht man mit einer Pyramidenkrone. Sie werden nach der Ernte im August oder September im belaubten Zustand geschnitten, was gleichzeitig das Wachstum bremst. Der Kronenaufbau entspricht den Regeln des Kernobstes und wird wie beim Apfel durchgeführt (siehe S. 34).
Die Süßkirsche bildet die Blütenknospen hauptsächlich am zwei- und dreijährigen Holz an bukettartigen Trieben aus, während sich an einjährigen Trieben meist nur Blattknospen befinden. Bei unzureichender Belichtung im Kroneninneren verkahlen diese Bukett-Triebe, wodurch die Äste vergreisen. Dies muss durch regelmäßige, jährliche Schnittmaßnahmen verhindert werden.
Die sich bei der Süßkirsche am Jahrestrieb aus den oberen Augen entwickelnden Triebe werden dabei

entfernt, um so einen geordneten Gerüstaufbau zu gewährleisten. Zu starke Endverzweigungen an den Leitästen werden ebenso entfernt wie verkahlte, nach unten wachsende Fruchtzweige. Über die Förderung des Neutriebes bewirkt man wie beim Kernobst eine Fruchtholzbildung.

Um eine ausreichende Triebbildung bei Kirschen auf schwach wachsenden Unterlagen zu erreichen, schneidet man Stammverlängerung und Leitäste leicht an. Hier führt man den Schnitt bis zum Erreichen der gewünschten Baumgröße im Winter durch; anschließend wird nach der Ernte geschnitten. Falls einjährige Triebe entfernt werden müssen, schneidet man sie bis auf wenige Blattknospen zurück, da von diesen bei Bedarf später seitliche Triebe erzogen werden können.

Haben sich an der Basis der einjährigen Triebe bereits Blütenknospen gebildet, so lässt man diese stehen und schneidet erst ein bis zwei Blattknospen über den Blütenknospen.

Die alte Sorte 'Regina' wächst kräftig und kompakt. Sie gehört zu den späten Sorten und trägt viele große Früchte.

EXPERTEN-TIPP

Bei Süßkirschen auf schwach wachsenden Unterlagen muss man vor allem auf eine genügende Ausbildung neuer Triebe achten.

Auslichtung

Beim Auslichten älterer Bäume werden alle nach innen gewachsenen, stärkeren Seitenäste entfernt, ebenso wie überbautes Fruchtholz. In den Folgejahren muss konsequent der übliche Auslichtungsschnitt durchgeführt werden, um Licht in den Baum zu lassen.

Ein alter Süßkirschenbaum im Garten ist nicht nur zur Blüte- und Erntezeit eine Pracht.

Pflaume & Co.

Bei der Erziehung zur Pyramidenkrone ist besonders darauf zu achten, Konkurrenztriebe zu entfernen, um die Bildung von Schlitzästen zu vermeiden.

Pflaume, Zwetsche, Mirabelle und Reneklode kann man wegen ihrer engen Verwandtschaft zusammenfassen. Auch bei ihnen werden schon schwächer wachsende Unterlagen, wie 'INRA 655/2' oder 'Pixi', angeboten, die die Erziehung kleinerer Bäume ermöglichen. Pflaumen *(Prunus domestica)* entwickeln Blütenknospen in erster Linie an kurzen Trieben am zwei- oder dreijährigen Holz. Langtriebe sind fast ausschließlich mit Blattknospen besetzt.

Pyramidenkrone

Beim Aufbau einer Pyramidenkrone schneidet man die Leitäste und die Stammverlängerung in den ersten drei bis vier Jahren an, bevor man zum Pflegeschnitt und später gegebenenfalls zum Verjüngungsschnitt übergeht, die beide wie beim Kernobst durchgeführt werden.

Zu den Pflaumen zählen auch Zwetschen, Mirabellen und Renekloden. Die Früchte reifen je nach Sorte und Lage zwischen Mitte Juli und Ende Oktober.

Tellerkrone

Bei einer Tellerkrone soll die Stammhöhe unter 1 m liegen und die Baumhöhe höchstens 3 m erreichen. Der Mitteltrieb wird bei der Pflanzung auf ungefähr 1,20 m angeschnitten, drei bis vier als Leitäste vorgesehene Triebe bindet man in die Waagerechte, ohne sie anzuschneiden. Alle nicht benötigten und bis zu einer Höhe von 70 bis 80 cm stehenden Triebe werden an der Basis entfernt.

In den Folgejahren nimmt man den Mitteltrieb auf 30 bis 40 cm und damit auf einen nur mittelstarken Trieb zurück und belässt jedes Jahr an der Mitte etwa drei gut verteilte Triebe. Beim Rückschnitt überflüssiger Triebe lässt man kleine Zapfen mit ein oder zwei Blattknospen zur Förderung des seitlichen Austriebes stehen. An den untersten, nicht angeschnittenen Leitästen werden lediglich überflüssige, einjährige Triebe entfernt.

Hat der Baum nach etwa sechs Jahren seine endgültige Höhe erreicht, wird der Aufbau der Mittelachse mit fruchttragenden, seitlichen Verzweigungen beendet.

Zwetschen-Tellerkrone in der Erziehungsphase. Zu starke, nach innen wachsende Langtriebe wurden entfernt.

Mirabellen werden am zwei- oder dreijährigen Holz an Kurztrieben gebildet.

Bei der Tellerkrone ist ein jährlicher Winterschnitt zur Erhaltung der Baumform unerlässlich, wobei überflüssige einjährige Triebe an der Stamm-Mitte entfernt werden, um eine Überbauung der Krone zu vermeiden. Senkrecht hochgewachsene Triebe werden ebenso entfernt wie abgetragenes altes Fruchtholz und alle Äste, die eine gute Belichtung der Krone verhindern.

Spindelkrone

Zur Erziehung einer Spindelkrone schneidet man den Mitteltrieb etwa 35 cm über dem obersten Seitentrieb ab. Die Seitentriebe werden nicht zurückgeschnitten, sondern heruntergebunden, um das Längenwachstum zu bremsen. Bis zu einer Stammhöhe von 60 bis 70 cm werden alle Verzweigungen entfernt. In den ersten drei bis vier Jahren wird die Stammverlängerung auf einen nicht zu steilen Seitentrieb zurückgeschnitten.

Hat der Baum eine Höhe von knapp 2 m erreicht, wird nicht mehr angeschnitten. Es sollen sich ausreichend kurze Triebe an Seitenästen und Mitte bilden, die jedoch die unteren Fruchtäste nicht überbauen dürfen. Ein jährlicher Erhaltungsschnitt ist nötig, wobei abgetragene, mehrjährige und nicht benötigte Triebe entfernt werden. Die Fruchtholzbehandlung gleicht der des Apfels (siehe S. 34).

Pfirsich und Nektarine

Echter Pfirsich-Fruchttrieb mit zahlreichen rosaroten Blütenknospen sowie Blattknospen

Pfirsich- und Nektarinenbäume *(Prunus persica* und *Prunus nectarina)* lieben warme und sonnige Lagen sowie durchlässige, humus- und nährstoffreiche Böden. Sie sollten nur im Weinbauklima frei wachsen. Beide Arten sind stark spätfrostgefährdet und sollten daher erst kurz vor der Blüte geschnitten werden. Ist man sich unsicher mit der Zuordnung der Knospen, wartet man die Blüte noch ab.

Triebarten

Pfirsich- und Nektarinenbäume tragen die Früchte ausschließlich am einjährigen Holz – mit Ausnahme der Bukettriebe. Es entwickeln sich an den Bäumen vier verschiedene Triebarten: der sogenannte wahre und der falsche Fruchttrieb, der Bukettrieb und der Holztrieb. An ersterem befinden sich sowohl Blatt- als auch Blütenknospen, wobei meist zwischen zwei Blü-

Wer sich nicht sicher in der Zuordnung der Knospen (wahre und falsche Fruchttriebe) ist, kann auch erst während der Blüte schneiden.

Pfirsiche und Nektarinen eignen sich zur Erziehung als Fächerspalier, am besten an einer Südwand mit hoher Sonneneinstrahlung.

Pfirsiche können bis zur Reife am Baum bleiben. Reif geerntet schmecken sie am besten.

tenknospen eine Blattknospe eingebettet ist. An falschen Fruchttrieben findet man fast ausschließlich Blütenknospen, nur an der der Basis und an der Triebspitze sitzt je eine Blattknospe; diese Triebe sind fast immer schwach und bringen nur kleine, geschmacklose Früchte oder stoßen diese sogar ab. Falsche Fruchttriebe werden daher immer entfernt.
Ein starker Rückschnitt wird generell gut vertragen.

Pyramidenkrone

Pfirsiche und Nektarinen eignen sich für eine Erziehung zu Pyramidenkronen.
Nach der Pflanzung wird die Stammverlängerung in diesem Fall nur so weit zurückgeschnitten, dass sie die drei oder vier Leitäste etwa 10 cm überragt. Zu steil nach oben wachsende Triebe werden etwas heruntergebunden. So bremst man das Längenwachstum.

Hohlkrone

Die sehr wärmebedürftigen Pfirsich- und Nektarinenbäume werden auch gern als Hohlkrone erzogen.
Bei dieser Kronenform ist eine größtmögliche Sonneneinstrahlung gewährleistet. Nach der Pflanzung einer ein- oder zweijährigen Veredlung werden die Seitentriebe bis zur gewünschten Stammhöhe entfernt. Oberhalb wählt man die vier oder fünf kräftigsten gut um die Mitte verteilten Triebe aus. Sie sollen die Leitäste des Baumes bilden und werden um gut die Hälfte zurückgenommen (auf eine astunterseits stehende Knospe). Der Mitteltrieb wird bis zum obersten zukünftigen Leittrieb zurückgeschnitten.
In den Folgejahren werden abgetragene Triebe entfernt und die Verlängerung der Leitäste wird jeweils um die Hälfte eingekürzt.

Fächerspalier

Ist die Gegend rauer, so wird man sich für eine Erziehung als Fächerspalier (siehe S. 23) entscheiden, vorzugsweise an einer Südwand. Eine Formierung als strenges Spalier ist jedoch nicht zu empfehlen.

Nektarinen sind Mutationen des Pfirsichs mit einer glatten Fruchthaut. Das Fruchtfleisch ist saftig und würzig.

Aprikose

Aprikosen *(Prunus armeniaca)* sind nah verwandt mit Pfirsichen und ebenfalls sehr wärmeliebend. Sie haben hohe Ansprüche an den Standort: Er sollte luftig sein und einen warmen, tiefgründigen und humusreichen Boden aufweisen.
Da auch die Aprikose sehr früh blüht – oft schon Ende März – und daher spätfrostgefährdet ist, sind die milden Weinbaugegenden für den Anbau am besten geeignet.

Pyramidenkrone

Zum Aufbau einer Pyramidenkrone pflanzt man vorzugsweise zweijährige Veredlungen, die einen Mitteltrieb sowie etwa fünf Seitentriebe aufweisen sollten. Die naturgemäße Pyramidenkrone wird mit drei bis vier Leitästen aufgebaut, die gleichmäßig, aber in unterschiedlicher Höhe um den Stamm angeordnet sein sollten. Die Stammhöhe sollte zwischen 60 und 80 cm liegen. Der Aufbau entspricht der naturgemäßen, breit pyramidalen Krone bei Pflaumen. In den ersten Jahren werden bei der Aprikose jedoch zusätzlich alle nicht benötigten, einjährigen Triebe kräftig zurückgeschnitten, um so die seitliche Fruchttriebbildung zu fördern. An diesen etwa 10 bis 30 cm langen einjährigen Trieben bilden sich bevorzugt die Blütenknospen.
Bei Verkahlung verjüngt man den Baum durch einen starken Rückschnitt der Leit- und Nebenäste.

Hohlkrone

Auch die Hohlkrone kann gut als Kronenform für einen Aprikosenbaum gewählt werden. Beim Erhaltungsschnitt werden die Leitäste und ihre Seitentriebe weniger zurückgenommen als beim Pfirsich.

Blüte der Aprikosensorte 'Ungarische Beste'. Die Früchte reifen von Mitte Juli bis Anfang August.

Aprikosen sind sehr wärmebedürftig und stellen hohe Ansprüche an Standort (luftig) und Boden (warm, tiefgründig, humusreich).

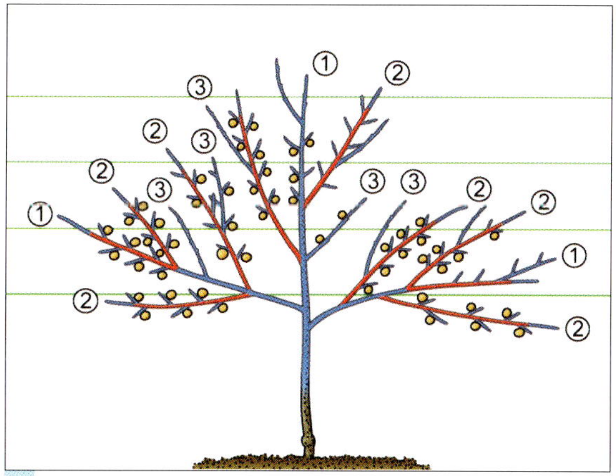

Spalier: Im 2. Jahr bilden die Seitentriebe (2) der Leitäste (1) neue lange Seitentriebe (3) und Spieße, die im Folgejahr fruchten werden.

Aprikosen-Spalier

Aprikosenbäume eignen sich als Fächerspaliere an warmen Südwänden. Strenge Spalierformen, wie waagerechter Kordon oder die U-Form, sind dagegen nicht zu empfehlen; das Holz bricht relativ leicht aus, zudem neigen waagerecht geführte Äste zum Verkahlen. Ausreichende Bodenfeuchte ist vor allem an Hauswänden mit Dachvorsprung zu gewährleisten.

Beim Baumkauf für Spaliere achtet man auf eine gute Garnierung mit Seitentrieben. Bei niederen Wänden wird man das Spalier ohne, bei hohen Wänden den Fächer mit Mitteltrieb aufbauen.

Die einjährigen Seitentriebe der Leitäste werden im ersten Jahr fächerförmig an ein Gerüst gebunden. Im zweiten Jahr bilden diese Seitentriebe sowohl längere Seitentriebe (Langtriebe) als auch kurze Seitentriebe (Spieße). Diese Spieße tragen im dritten Jahr Früchte, während die Langtriebe jetzt ihrerseits kurze Seitentriebe bilden.

Im Folgejahr werden abgeerntete Triebe auf die Langtriebe umgelenkt, indem man die Leitäste und abgetragene Seitenäste einkürzt.

Der Schnitt sollte möglichst von April bis Juni oder im August/September erfolgen.

Aprikosenbäume wachsen in ihren Jugendjahren relativ stark.

Walnuss

Für den Hausgarten kommen nur veredelte Walnussbäume (*Juglans regia*) infrage, da sie zu einem früheren Zeitpunkt größere Nüsse tragen und zumindest etwas kleiner bleiben als die sich aus den Samen bildenden Bäume. Trotzdem wird der Walnussbaum noch viel Platz in Anspruch nehmen. Die übliche Unterlage für Walnussbäume ist die Schwarznuss (*Juglans nigra*).

Walnusssorten sind nur bedingt selbstfruchtbar, eine andere in der Nähe stehende Sorte vergrößert den Ertrag. Achten Sie beim Kauf auf die Sorten – einzelne Sorten unterscheiden sich in ihrem Wuchsverhalten erheblich.

Im September/Oktober werden die Walnüsse reif und fallen nach und nach vom Baum. Danach aufsammeln und trocknen!

Ihre volle Wuchskraft erlangen Walnussbäume erst im zweiten und dritten Standjahr. Im Jahr der Pflanzung erfolgt meist nur ein schwacher Austrieb.

Prinzipiell gilt: Voraussetzungen für gesundes Wachstum und sicheren Ertrag sind mildes Klima und geringe Spätfrostgefahr.

Schnitt eines Walnussbaumes

Vorzugsweise wird man mehrjährige, veredelte Walnussbäume pflanzen. Der Aufbau erfolgt mit drei Leitästen, die gleichmäßig um den Stamm verteilt sein sollen und nicht angeschnitten werden, es sei denn, ein Trieb überragt mit seiner Länge die anderen wesentlich. Meist ist kein weiterer Pflanzschnitt notwendig, es werden nur verletzte oder abgebrochene Triebe weggeschnitten. Schlitzäste sollten sofort bei der Pflanzung, spätestens jedoch im August des Pflanzjahres, entfernt werden. Bei dieser Maßnahme muss die Wunde unbedingt mit Baumwachs behandelt und laufend kontrolliert werden.

Die Walnusskrone wird als Naturkrone erzogen. Es werden lediglich zu dicht und zu steil stehende Äste entfernt, wobei selbstverständlich auf ein Gleichgewicht der Krone zu achten ist.

Der beste Zeitpunkt für den Schnitt

Während der Winterruhe geschnittene Walnussbäume bluten sehr stark, d. h. sie haben einen starken Saftaustritt an den Schnittstellen. Der günstigste und für den Baum verträglichste Schnittzeitpunkt ist daher Ende August bis spätestens Ende September. Wer sich jedoch scheut, die zu diesem Zeitpunkt noch am Baum befindlichen Nüsse wegzuschneiden, kann die notwendigen Schnittmaßnahmen im Frühjahr, etwa vier bis fünf Wochen vor dem Austrieb nachholen. Man wählt dazu einen kühlen, feuchten Tag. Eine sorgfältige Behandlung der Schnittstellen mit einem Wundverschlussmittel ist unerlässlich.

Haselnuss

Haselnusssträucher *(Corylus avellana)* sind relativ anspruchslos. Sie besitzen eine sehr hohe Widerstandsfähigkeit gegen Holzfrost, ihre Wärmeansprüche sind nur gering. Für ein gutes Wachstum benötigen sie allerdings genügend Bodenfeuchtigkeit (Staunässe vermeiden!)

Haselnusssorten sind nur bedingt selbstfruchtbar. Für reiche Erträge sollte man mindestens zwei Sorten pflanzen, zum Beispiel die schwachwachsende 'Rotblättrige Lambertnuss' (kleine Kerne), die 'Webbs Preisnuss' (mittelstarker, breiter Wuchs; reicher, regelmäßiger Ertrag), die 'Wunder von Bollweiler' (große Kerne; starker, breitaufrechter Wuchs).

Der Schnitt der Haselnusssträucher

Als Pflanzmaterial verwendet man vegetativ durch Absenker oder Abrisse gewonnene, reich bewurzelte Heister oder Sträucher. Veredlungen auf artfremden Unterlagen wie der Türkischen Baumhasel haben den Vorteil, früher und reichlicher zu tragen als wurzelechte Sträucher und es bilden sich keine Bodentriebe. Die Nüsse entwickeln sich vorzugsweise am einjährigen Holz, sodass ein regelmäßiger Schnitt zur Förderung der Neutriebbildung für gute Erträge Voraussetzung ist. Dabei kürzt man die Triebe in der Regel auf ein bis zwei Blätter nach der letzten Blüte ein. Die leuchtend rote Blüte erscheint schon im März, sodass man mit dem Schnitt warten kann, denn in geschlossenem Zustand sind Blatt- und Blütenknospen kaum zu unterscheiden. Die sich zahlreich bildenden Bodentriebe bzw. Wurzelstockausschläge schneidet man, sofern man sie bei Sträuchern nicht zur Verjüngung benötigt, an der Basis ab. Die Haselnuss nimmt sogar einen starken Rückschnitt nicht übel, sondern treibt immer wieder willig aus.

Haselnuss als Stämmchen

Meist wird man die Haselnuss als Strauch finden. Es ist aber auch möglich, diese robuste Nuss zu einem kleinen Stämmchen zu erziehen, was die spätere Bodenpflege sehr vereinfacht. Wenn man so ein platzsparendes Bäumchen heranziehen will, lässt man nur den stärksten Trieb stehen, an dem bis zu einer Stammhöhe von 50 bis 60 cm alle Verzweigungen entfernt werden. Drei bis vier starke Seitentriebe schneidet man an und verwendet sie als Leitäste. Die Mitte wird bis zum obersten Leitast herausgenommen und eine Hohlkrone erzogen.

Durch alljährliches Auslichten, wobei besonders die an den Leitästen oberseits wachsenden Triebe entfernt werden, baut man eine lichte, sehr lockere Krone auf.

Haselnüsse entwickeln sich vorwiegend am einjährigen Holz. Für regelmäßige Holzerneuerung muss daher gesorgt werden.

Edelkastanie

Edelkastanien eignen sich nur für große Gärten. Die Maronen fallen im Herbst reif vom Baum. Ihr Aroma entwickelt sich erst beim Kochen.

Die Edelkastanie *(Castanea sativa)*, auch Esskastanie oder Marone genannt, kommt vorwiegend südlich der Alpen vor, aber in milden Weinbaugegenden kann sie auch bei uns angebaut werden. An Boden und Standort stellt die Edelkastanie nur geringe Ansprüche. Obwohl sie saure Böden bevorzugt, wächst sie auch noch in kalkhaltigen Böden, ebenso in nährstoffarmer, karger Erde.

Ihre Holzfrosthärte ist im Prinzip mit der des Apfels zu vergleichen, durch ihren späten Austrieb und die sehr späte Blüte im Juni ist sie aber nicht so spätfrostgefährdet. Kühle Sommer verhindern, dass die Früchte ausreifen können.

Die Edelkastanie hat männliche und weibliche Blüten, die sich auf einer Rispe befinden – die männlichen Blütenorgane stehen an der Spitze, die weiblichen an der Basis. Männliche und weibliche Blüten öffnen sich mit bis zu zwei Wochen Unterschied.

Unveredelte Edelkastanienbäume können bis zu 30 m hoch werden. Ihr Ertragsbeginn setzt erst nach 12 bis 15 Jahren ein, sodass man für den Hausgarten unbedingt auf veredelte, kleiner bleibende (6 bis 8 m Höhe) und früher fruchtende Bäume zurückgreifen sollte. Veredelte Bäume haben außerdem größere, bessere Früchte.

Nicht alle Sorten sind selbstfruchtbar – für einen ausreichenden Ertrag ist eine Befruchtersorte nötig. Empfehlenswerte Sorten sind zum Beispiel 'Doré de Lyon', 'Marron de Lyon', 'Bojar', 'Mistral', 'Ecker 1', 'Belle Epine'. Da der Kastanienkrebs ein sehr großes Problem darstellt und es auch keine Möglichkeit der Bekämpfung gibt, wurden Kreuzungen mit japanischen Sorten vorgenommen. Die so neu gewonnenen Sorten sind gegenüber dieser Krankheit tolerant. Es handelt sich dabei um die Hybridsorten 'Bournette', 'Marigoule', 'Marsol' und 'Precoce Migoule'.

Schnitt von Edelkastanien

Man pflanzt am besten im Herbst. Bei der Pflanzung werden nur beschädigte oder abgebrochene Triebe entfernt, ein Pflanzschnitt wird nicht vorgenommen. Erst im nächsten Frühjahr bestimmt man vier kräftige, gut verteilte Leitäste und entfernt alle überzähligen Triebe. Am Ende des nächstfolgenden Winters werden diese Leitäste um ein Drittel eingekürzt.

Ein Aufbauschnitt ist nicht unbedingt erforderlich, man sollte jedoch auf einen lockeren Kronenaufbau achten und sehr dicht stehende Triebe herausschneiden.

Ist der Kronenaufbau nach fünf bis sechs Jahren abgeschlossen, werden in den Folgejahren nur noch zu dicht stehende, beschädigte, zu tief hängende oder dürre Äste entfernt. Diese Arbeit wird am besten Ende August ausgeführt.

Spezieller Schnitt: Beerenobst

Johannisbeere

Johannisbeeren werden als Sträucher, Stämmchen oder Hecken gezogen.

Die Rote Johannisbeere 'Rotet' ist robust, verrieselt wenig und bildet große Trauben.

Sträucher

Beim Pflanzschnitt der Büsche belässt man die vier bis fünf stärksten Triebe, alle anderen werden an der Basis entfernt. Die benötigten Triebe schneidet man auf etwa 30 cm auf eine außen stehende Knospe zurück.Im Idealfall besteht ein Strauch bei Roten und Weißen Johannisbeeren aus jeweils zwei einjährigen, zweijährigen und dreijährigen Leittrieben. Bei schwachwüchsigen Sorten müssen die Leittriebe jedes Jahr zurückgeschnitten werden, um ausreichende seitliche Verzweigung zu erreichen. Bei stark wachsenden Sorten ist dies nach Beendigung des Aufbaus nicht mehr nötig. Die seitlichen Verzweigungen werden auf sieben bis acht Knospen zurückgeschnitten, wobei man Ästchen, die ins Strauchinnere wachsen, ganz entfernt. Abgetragenes Holz entfernt man nach der Ernte, sonst erfolgt der Schnitt im März.

EXPERTEN-TIPP

Bei Schwarzen Johannisbeeren genügt nach dem Pflanzschnitt noch ein- bis zweimaliges Anschneiden der Leittriebe, da sie willig Kurztriebe als Seitenverzweigung bilden. Verjüngt wird durch den jährlichen Aufbau eines neuen Leittriebes.

Hochstämmchen

Bei Stämmchen belässt man etwa drei bis vier gleichmäßig um den Mitteltrieb angeordnete Leittriebe. Man

Strauch und Stämmchen

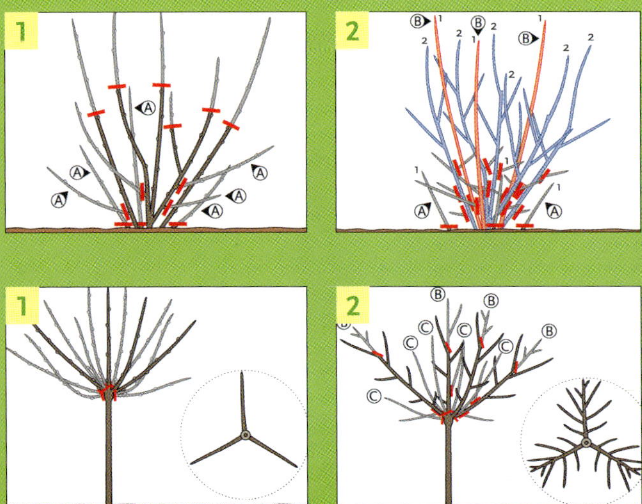

Sträucher:

1. Pflanzschnitt: Schwache, flache Triebe (A) werden bodennah abgeschnitten. Haupttriebe werden um 1/3 bis 1/2 eingekürzt.

2. Rückschnitt 1. Jahr: Schwache einjährige Triebe (1A) werden entfernt, starke (1B) bleiben. Alle Seitenverzeigungen an den zweijährigen Trieben (2) werden herausgeschnitten.

Stämmchen:

1. Pflanzschnitt: 1 Mittelast und ca. 4 Leitäste bilden das Gerüst. Sind sie länger als 30 cm werden sie um 1/3 gekürzt, der Rest wird herausgeschnitten.

2. Rückschnitt 1. Jahr: Leittriebe (B) werden leicht eingekürzt, stammnahe, neue Triebe (C) und zu dicht stehende Seitentriebe werden entfernt.

Jostabeere

Bei der Pflanzung belässt man drei bis vier Triebe, deren Spitzen etwas eingekürzt werden.
Ein Erziehungsschnitt ist nicht notwendig. Lediglich bei zu dichtem Wuchs lichtet man etwas aus. Nach etwa fünf Jahren müssen die Leittriebe nach und nach durch neue, nicht zu starke Bodentriebe ersetzt werden. Mittelstarke Triebe weisen die beste Fruchtbarkeit auf. Überhängende Triebe können bis zur Hälfte eingekürzt werden.

Josta-Früchte

schneidet die Triebe und seitlichen Verzweigungen an, um eine gute Garnierung zu erreichen und kürzt dann jedes Jahr ein.

Johannisbeere als Hecke

Bei Erziehung einer Hecke am Drahtgerüst werden die drei bis vier stärksten Triebe fächerartig am Spanndraht festgebunden. In den folgenden zwei Jahren zieht man je einen weiteren Leittrieb aus Bodentrieben heran. Beim Pflanzschnitt schneidet man die Triebe nur an, da sie am Gerüst guten Halt finden. In den Folgejahren ist ein Rückschnitt nur bei zu schwachem Wuchs von Seitentrieben nötig. Zu hoch wachsende Triebe leitet man auf tiefer stehende Seitentriebe ab. An den äußeren, flacheren Leittrieben steil nach oben wachsende Triebe werden entfernt.

Bei Beeren-Hochstämmchen entspringt die Krone aus der Veredlungsstelle.

Blühendes Johannisbeer-Spalier mit je drei Leittrieben.

Stachelbeere

Stachelbeeren zieht man als Busch, Hochstämmchen oder auch als Hecke.

Erziehung als Busch

Der Aufbau von Büschen erfolgt meist mit drei bis fünf Leittrieben. Diese werden bei der Pflanzung auf 20 bis 30 cm Höhe auf eine außen stehende Knospe angeschnitten. In den folgenden drei bis vier Jahren baut man jeweils einen weiteren Leittrieb aus den sich neu bildenden Bodentrieben auf. Der fertig erzogene Strauch hat nicht mehr als acht kräftige Leittriebe. Unnötige Bodentriebe werden laufend ganz entfernt.

Beim Aufbauschnitt wird jährlich der Neuzuwachs der Leittriebe um ungefähr ein Drittel, die Seitenverzweigungen werden auf sechs bis acht Knospen zurückgeschnitten. Die sich an den Seitenverzweigungen bildenden Seitentriebe kürzt man auf zwei bis drei Knospen ein.

Stachelbeeren treiben sehr kräftig aus. Ziel der Schnittmaßnahmen ist die laufende Erneuerung der Leittriebe, um einer Vergreisung des Strauches vorzubeugen. Dazu belässt man jährlich ein bis zwei neue Bodentriebe und entfernt analog die ein bis zwei ältesten, abgetragenen Triebe. Alle nicht benötigten Bodentriebe müssen weiterhin an der Basis entfernt werden. Die belassenen Triebe werden nur wenig angeschnitten, damit sie rasch die gewünschte Höhe erreichen.

Geschnitten wird am besten im Winter von Ende November bis Anfang März. Zuerst entfernt man alle auf dem Boden aufliegenden Äste, die zu ersetzenden Leittriebe und die überzähligen Bodentriebe. Es ist wichtig, besonders wenn schon der amerikanische Stachelbeermehltau aufgetreten ist, alle Triebspitzen einzukürzen. Bei bogenförmig wachsenden Sorten schneidet man die Triebe jeweils auf eine astoberseits stehende Knospe zurück.

Reich tragendes Stachelbeer-Hochstämmchen. Die Krone wird nach dem Prinzip der Pyramidenkrone aufgebaut.

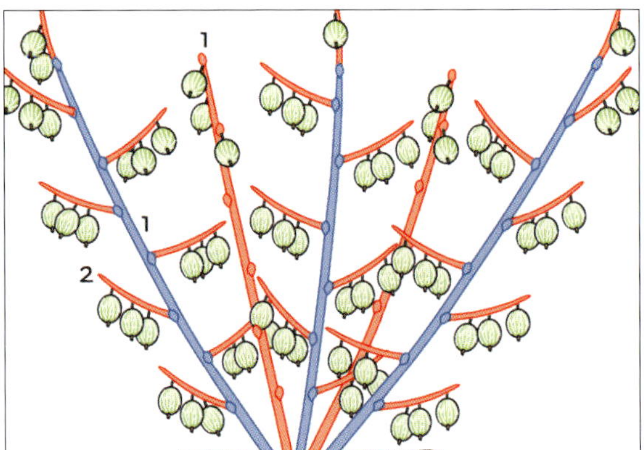

Stachelbeeren und Rote Johannisbeeren tragen Früchte in den Spitzen der einjährigen Langtriebe (1) und vor allem an den kürzeren Seitentrieben des 2. Jahres (2).

Hochstämmchen

Stämmchen, gleich welcher Höhe, baut man mit drei bis vier Leittrieben, die gleichmäßig um die Stammmitte verteilt sind, auf. Gegebenenfalls empfiehlt es sich, die vorgesehene Stamm-Mitte am Pfahl hochzubinden. Die Triebe werden um etwa die Hälfte eingekürzt.

Beim jährlichen Schnitt entfernt man alle in das Kroneninnere wachsenden und zu steil stehenden oder nach unten gerichteten Triebe. Auch hier müssen die Triebspitzen bei Befall von amerikanischem Stachelbeermehltau eingekürzt und das befallene Holz verbrannt werden. Als Ersatz für abgetragene Leitäste wird entweder auf einen in Stammnähe stehenden, neu gewachsenen Trieb aufgeleitet oder ein geeigneter Jungtrieb aufgebaut.

Heckenerziehung

Stachelbeeren können sehr gut am Drahtgerüst als Hecke erzogen werden, was die Pflege- und Erntearbeiten sehr erleichtert. Pro Pflanze belässt man die vier kräftigsten Triebe und schneidet diese auf 20 bis 30 cm auf eine außen stehende Knospe zurück. Die Triebe werden fächerförmig am Spanndraht befestigt. Da die beiden unteren Triebe schwächer wachsen als die mittleren, wird man Erstere immer etwas länger belassen, um so einen gleichmäßigen Aufbau des Strauches zu erreichen.

Stachelbeeren können auch gut als Spalier oder Hecke erzogen werden, wie hier die Sorte 'Rote Invicta'.

Der Schnitt wird so wie bei den Sträuchern durchgeführt. Ersatz der Leitäste erfolgt möglichst durch das Ableiten auf tief stehende Seitenverzweigungen. Wichtig ist bei allen Formen ein regelmäßiger Schnitt.

Stachelbeeren bevorzugen einen halbschattigen Platz. Der Aufbau eines Strauches sollte so locker erfolgen, dass man hineingreifen kann, ohne sich zu verletzen.

Himbeere

Himbeerhecke der Herbstsorte 'Autumn Bliss'

Man pflanzt einjährige Ruten mit zwei starken Wurzelknospen. Beim Pflanzschnitt werden die Ruten auf 40 bis 50 cm zurückgeschnitten. Nachdem bis zum Spätsommer/Herbst kräftige neue Ruten aus dem Wurzelhals gewachsen sind, wird die gepflanzte Rute direkt am Boden abgeschnitten.

Einmal tragende Sorten

Bei den einmal tragenden Himbeeren sterben die zwei Jahre alten Ruten nach der Ernte langsam ab. Es ist zweckmäßig, sie baldmöglichst nach der Ernte direkt am Boden abzuschneiden und aus der Anlage zu entfernen. Die verbleibenden jungen einjährigen Ruten werden wie bei zweimal tragenden Sorten ausgelichtet.

Manche Sorten bilden bis zum Vegetationsende sehr lange Ruten. Man kann sie im zeitigen Frühjahr, wenn keine starken Fröste mehr zu erwarten sind, auf 1,60 bis 1,80 m zurückschneiden oder bogenförmig am Gerüst befestigen. Werden durch einen Spätfrost die neu ausgetriebenen Ruten geschädigt, was sich an braunen bis schwarzen Verfärbungen an der Rinde zeigt, so entfernt man diese am besten sofort. Es bilden sich willig neue gesunde Jungtriebe.

Zweimal tragende Sorten

Beim jährlichen Schnitt ist Folgendes zu beachten: Einmal tragende Himbeersorten bilden ihre Blütenknospen an der vorjährigen Rute. Zweimal tragende Himbeersorten tragen das erste Mal im Spätsommer/

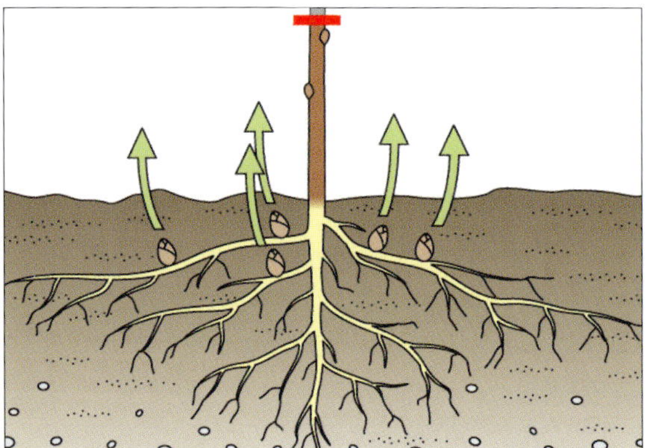

Neue Ruten wachsen aus Knospen, die an den Wurzeln sitzen. Die Himbeerruten sollten deshalb mit einem Abstand von 40 bis 50 cm gepflanzt werden.

Himbeeren lieben helle, sonnige Lagen mit nährstoffreichem, feuchtem, tiefgründigem Boden. Die Ruten benötigen einen Draht oder ein Gerüst.

So werden Himbeeren geschnitten

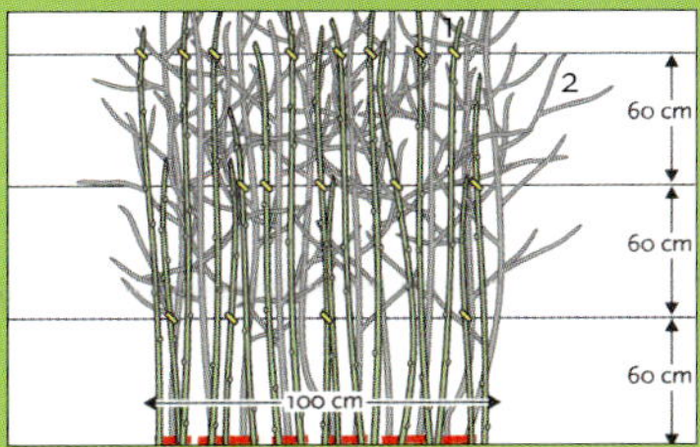

Im 2. Jahr nach der Ernte werden alle letztjährigen Ruten (2) bodeneben abgeschnitten. Neue Ruten (1) sind bereits nachgewachsen. (15–20/m).

Im Herbst werden die einjährigen Ruten auf ca. 10/m ausgelichtet, die am Draht befestigt werden. Zu dünne, dicke oder kurze Triebe werden entfernt.

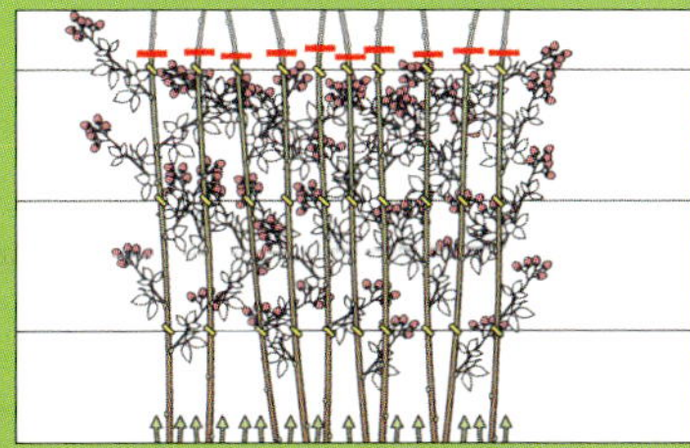

Im Frühjahr werden die Ruten auf 1,60–1,80 m Höhe eingekürzt. Es entwickeln sich von der Spitze aus Seitentriebe, die an ihrem Ende fruchten.

Herbst an den in diesem Jahr gebildeten Ruten, und zwar bilden sich an den Spitzen derselben die Fruchtstände aus. Abgetragene Rutenteile sterben bei Himbeeren ab, in diesem Falle also die Spitzenbereiche der Triebe, und müssen entfernt werden. Die an den Ruten tiefer liegenden Knospen bilden ihre Früchte – wie bei einmal tragenden Sorten – erst im darauffolgenden Sommer aus. Nach der Ernte werden die abgetragenen Ruten wie bei den einmal tragenden Sorten unmittelbar am Boden abgeschnitten und aus der Anlage entfernt. Man belässt nicht mehr als zehn, höchstens zwölf Ruten je laufendem Meter und sucht dabei die stärksten aus. Die übrigen Ruten werden direkt am Boden abgeschnitten. Man belässt dann alle sich bildenden Neutriebe, da diese ja im Spätsommer nur im Spitzenbereich tragen. Durch die Mehrzahl der Triebe vergrößert sich dann die Ernte.

Experten-Tipp

Ist man bei zweimal tragenden Sorten nur an der Herbsternte interessiert, so entfernt man nach der Ernte oder im Spätwinter alle Triebe.

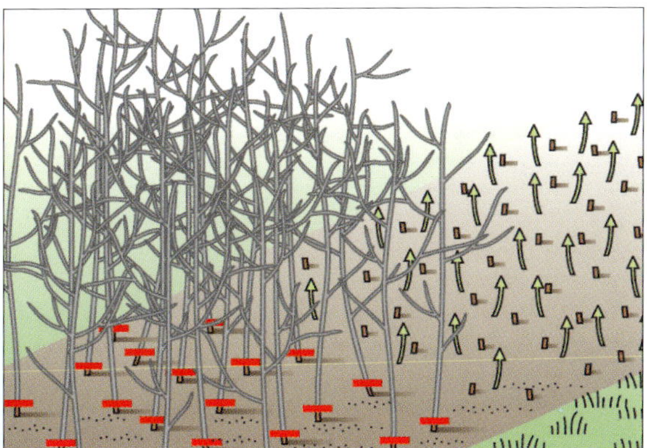

Soll es bei zweimal tragenden Sorten nur eine Ernte im Herbst geben, werden danach alle Triebe am Boden abgeschnitten.

Im nächsten Frühjahr bis Sommer wachsen neue Ruten heran. Ein Gerüst aus grobem Maschendraht gibt Halt.

Brombeere

Die pflegeintensive Brombeersorte 'Loch Ness' ist stachellos.

Vor den stacheligen, ungeschnitten oft ein undurchdringliches Dickicht bildenden Brombeeren schrecken viele Gartenbesitzer zurück. Das ist schade, denn durch einen konsequenten Sommer- und Winterschnitt und eine Erziehung am Gerüst bekommt man auch diese unbequeme Obstart gut in den Griff. Scheut man die Stacheln, entscheidet man sich für eine der angebotenen stachellosen Sorten.

Pflanzjahr

Man pflanzt gut bewurzelte, bleistiftdicke Jungpflanzen mit mindestens einer, besser zwei Wurzelknospen in einem Abstand von ungefähr 3 bis 4 m. Ein Pflanzschnitt erfolgt nicht.

Im Sommer nach der Pflanzung sollen sich mindestens zwei bis drei Ranken bilden, die fächerartig am Gerüst befestigt werden. Aus den Blattachseln entwickeln sich Triebe, die Geiztriebe.

Diese kürzt man auf zwei bis drei Blätter ein, sobald sie eine Länge von 30 bis 40 cm erreicht haben.

Die Brombeere trägt Früchte an den im Vorjahr gewachsenen Ruten. Zu viele Ruten mindern die Fruchtqualität.

Folgejahre

Im ersten Jahr nach der Pflanzung können sich bereits die ersten Früchte entwickeln. Die sich aus dem Wurzelstock entwickelnden Ranken verteilt man fächermäßig am Gerüst. Die sich bildenden Geiztriebe werden wieder, nachdem sie eine Länge von 40 bis 50 cm erreicht haben, auf vier bis fünf Blätter zurückgenommen.

Im März des darauffolgenden Jahres werden alle nunmehr zweijährigen Ranken, hier also die im Pflanzjahr gewachsenen, unmittelbar über dem Boden abgeschnitten. Die sich neu bildenden Ranken werden am unteren Spanndraht angebunden.

Um Frostschäden zu vermeiden, schneidet man vorzugsweise erst ab März. Zuerst zerschneidet man die

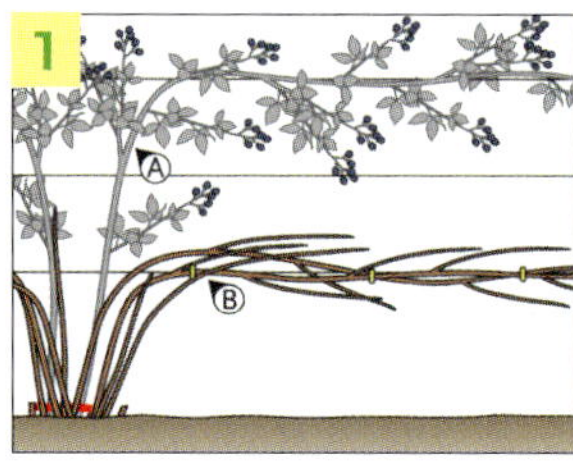

Die fruchttragenden Ruten (A) sind oben angebunden, sie werden nach der Ernte entfernt. Die neuen Triebe (B) kommen nach unten.

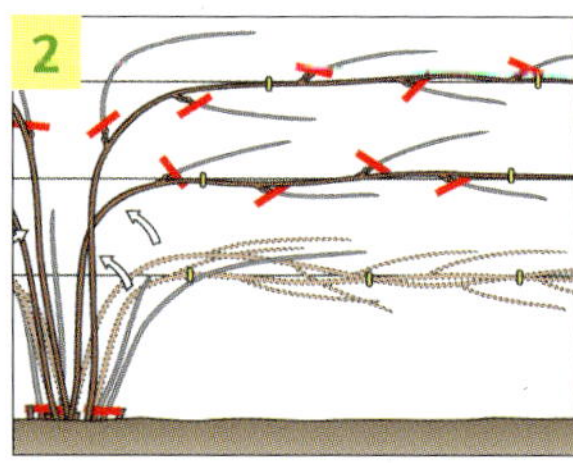

Im Frühjahr werden die besten der neuen Haupttriebe nach oben gebunden, der Rest wird entfernt. Seitentriebe werden eingekürzt.

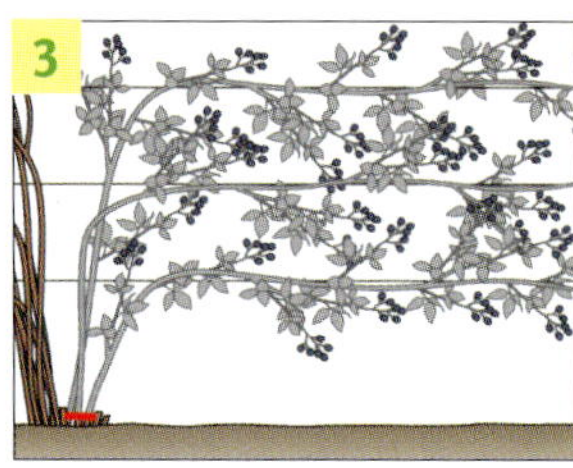

Nachwachsende und fruchttragende Ruten können auch an den beiden Gerüstseiten getrennt angebunden werden.

Mühe und Aufwand haben sich gelohnt – dieser Brombeerbogen ist ein Schmuckstück für den Garten.

Eine Brombeerhecke eignet sich auch als Raumteiler zum Gemüsegarten.

alten Ranken mit der Schere in Teilstücke, um sie problemlos entfernen zu können. Die im zweiten Jahr stehenden, dieses Jahr Ertrag bringenden Ranken werden von dem unteren Spanndraht losgelöst und auf den höheren Spanndrähten fächerförmig angebunden. Die Geiztriebe werden auf nunmehr zwei bis drei Knospen zurückgenommen und zu lange Ranken auf das gewünschte Maß eingekürzt.

EXPERTEN-TIPP

In den Folgejahren werden die Früchte tragenden, zweijährigen Ruten jeweils nach der Ernte am Boden abgeschnitten, ohne sie jedoch zu entfernen. Sie dienen über den Winter als Frostschutz zusammen mit den an der Pflanze verbleibenden Blättern.

Selbstverständlich werden alle dürren Teile entfernt.

Die sich im Sommer bildenden neuen Ranken müssen laufend am unteren Spanndraht befestigt werden. Man belässt einer Pflanze vier bis sechs Ranken, die man nicht länger als 3,00 bis 3,50 m werden lässt.

Sind die Jungruten erfroren, treibt die Pflanze im Frühjahr wieder willig neue Ruten aus.

Fächerspalier

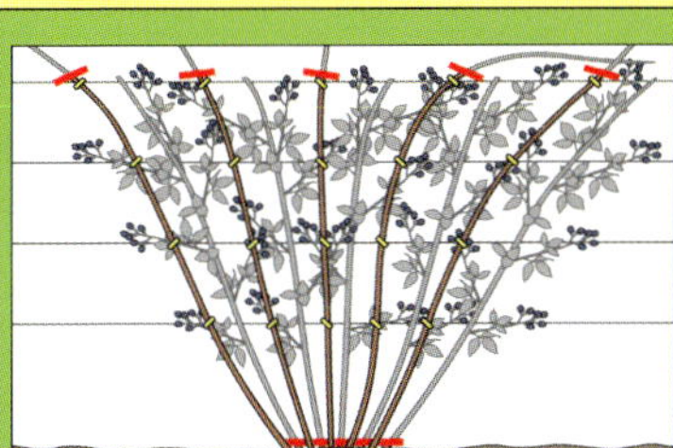

Wenn im Garten weniger Platz zur Verfügung steht, können Brombeeren gut am Fächersystem, erzogen werden. 4 bis 6 Haupttriebe werden auf etwa 2 m Länge eingekürzt und fächerförmig angebunden.

Kultur-Heidelbeere

Kultur-Heidelbeere

Die bei uns erhältlichen, hochwachsenden Kultur-Heidelbeeren *(Vaccinium corymbosum)* stammen aus den USA. Sie gehören zur Familie der Erikagewächse und bringen nur in einem extrem sauren (pH 4,0–4,5), humosen und luftdurchlässigen Boden, der während der ganzen Vegetationszeit nicht austrocknen darf, den gewünschten Erfolg. In diesen leichten Böden bilden sie einen dichten, aber sehr flach an der Oberfläche liegenden, faserigen Wurzelballen aus und sind daher in Trockenzeiten auf eine zusätzliche Bewässerung angewiesen. Die Auflage einer Mulchschicht unter den Sträuchern hilft, den Boden deutlich feuchter zu halten. Der Standort sollte etwas windgeschützt und sonnig sein. Schwere, verdichtete Böden sind für eine Kultur ungeeignet.

Kultur-Heidelbeeren sind nicht frostempfindlich. So verträgt das Holz Temperaturen bis minus 30 °C, bei Blüten treten oft noch bei minus 5 °C keine Schäden auf.

Heidelbeeren blühen drei bis vier Wochen lang und auch die Reifezeit erstreckt sich somit über mehrere Wochen.

Die Heidelbeeren werden nach und nach reif.

Obwohl die meisten Sorten selbstfruchtbar sind, empfiehlt es sich, eine zweite Sorte als Befruchter anzupflanzen. Die aus fremdbefruchteten Blüten entstehenden Beeren sind meist größer und werden auch früher reif. Empfehlenswerte Sorten sind zum Beispiel 'Bluecrop' (aufrecht, frosthartes Holz, verträgt Trockenheit; sehr große, dunkelblaue, feste Früchte; Geschmack angenehm süßsäuerlich, aromatisch; Reife: Ende Juli bis Ende August) und 'Bluetta' (breit ausladend, mittelgroße, hellblaue, feste Früchte, Geschmack angenehm, Reife: Mitte Juli bis August).

Da Heidelbeeren über drei bis vier Wochen hinweg blühen, ist der Blütezeitpunkt nur von untergeordneter Bedeutung. Dementsprechend erstreckt sich auch die Reifezeit über einen Zeitraum von drei bis fünf Wochen, wobei die Fruchtgröße mit zunehmender Erntezeit etwas abnimmt. Wenn Heidelbeeren ihre blaue Farbe erlangt haben, dauert es bis zur vollkommenen Fruchtreife noch eine Woche; man sollte also mit der Ernte nicht zu früh beginnen.

Pflanzung

Kultur-Heidelbeeren brauchen längere Zeit zum Anwachsen, wie auch ihre Entwicklung nur langsam voran geht, sodass beim Kauf auf ein gut entwickeltes Wurzelwerk zu achten ist.

Man pflanzt am besten im Herbst in unbelaubtem Zustand, damit sich im Winter noch neue Wurzeln bilden können. Die jungen Sträucher dürfen nur so tief gesetzt werden, dass der Wurzelballen gerade noch mit Erde bedeckt ist.

Es erfolgt kein Pflanzschnitt, nur abgebrochene, verletzte oder sehr schwache Triebe werden entfernt. Zudem wird in den ersten Jahren nicht geschnitten.

Einjährige Triebe (1) und kurze Seitentriebe (2) tragen am besten. Altes Fruchtholz (3) hat kleinere Beeren und wird regelmäßig entfernt.

Erziehungsschnitt

Da die Kultur-Heidelbeere Blütenknospen am einjährigen Holz bildet, ist bei älter werdenden Sträuchern die Förderung von Neutrieben vorrangiges Ziel des Schnittes.

Der fertige Strauch sollte acht kräftige Bodentriebe aufweisen. Durch regelmäßiges Auslichten und Entfernen abgetragener und überalterter Triebe ab dem dritten Standjahr sorgt man für eine gute Garnierung und Bildung einjähriger Triebe. Zu dünne, buschige Seitentriebe werden ebenfalls entfernt. Neue und junge Triebe bleiben unbeschnitten. Die überalterten Triebe setzt man auf kräftige Seitentriebe zurück oder schneidet sie maximal 20 cm über dem Boden ab. Dadurch wird ein Neuaustrieb aus dem Wurzelstock gefördert. Überzählige Bodentriebe, die nicht als Ersatz für abgetragenes Holz benötigt werden, schneidet man direkt über dem Boden ab, wobei man natürlich die kräftigsten als Ersatz für abgehende stehen lässt.

Triebe, die seitwärts des Strauches aus dem Boden treiben, werden ebenfalls entfernt. Wachsen einzelne Triebe über die durchschnittliche Strauchhöhe hinaus, so kann man sie zurückschneiden. Man erreicht damit bei diesen zwar eine bessere Seitenknospenbildung, vermindert allerdings für dieses Jahr etwas den Ertrag, da Heidelbeeren die Früchte in erster Linie am oberen Teil der Triebe bilden.

Der Auslichtungsschnitt wird regelmäßig im Winter während der Vegetationsruhe vorgenommen.

EXPERTEN-TIPP

Man kann den Boden im Hausgarten geeigneter für Kultur-Heidelbeeren machen, indem man – je nach pH-Wert des Bodens – Torf beimischt. Der pH-Wert sollte etwa 4,0 bis 4,5 betragen.

Verjüngungsschnitt

Lassen Triebentwicklung und Ertrag nach, kann der Strauch durch einen radikalen Rückschnitt verjüngt werden. Bei schwachwüchsigen Sorten kann diese Maßnahme schon nach sechs bis acht Jahren, bei stark wachsenden erst nach fünfzehn bis zwanzig Jahren erforderlich werden. Dazu werden alle Triebe auf eine Länge von etwa 30 cm zurückgeschnitten. Mit den in den nächsten Jahren wachsenden Jungtrieben wird ein praktisch neuer Strauch aufgebaut. Nach dem ersten ebenso wie nach dem zweiten Vegetationsjahr werden jeweils vier bis sechs kräftige, gut ausgebildete Triebe belassen. Im dritten Jahr kann dann wieder mit einer Ernte gerechnet werden.

Groß- und kleinfrüchtige Kiwi

Für die wärmeliebende und frostempfindliche großfrüchtige Kiwi *(Actinidia chinensis)* ist ein Platz in Südwest- oder Westlage ideal, wo die Pflanze vor den kalten Nord- und Ostwinden während des Winters geschützt ist. Friert die Kiwipflanze in einem strengen Winter trotz Frostschutz bis zum Boden zurück, so treibt sie wieder aus dem Wurzelstock aus. Die sich im Frühjahr bildenden jungen Ranken brechen im Wind sehr leicht ab, deshalb wählt man eine windgeschützte Stelle.

Weinbauklima ist die Voraussetzung für einen erfolgreichen Kiwianbau. Tiefgründiger, humusreicher Boden ist notwendig. Obwohl die Kiwi einen hohen Wasseranspruch hat, verträgt sie keine stauende Nässe. Regenwasser muss gut abfließen können, notfalls kann hier eine Dränage Abhilfe schaffen. Trotzdem muss man Kiwis während der Wachstumsperiode bis in den Herbst hinein regelmäßig bewässern und für eine gleichbleibende Bodenfeuchtigkeit sorgen.

Kiwi-Pflanzen sind zweihäusig, das heißt zur Fruchtbildung werden eine weibliche und eine männliche Pflanze benötigt, wobei eine männliche Pflanze für sechs bis acht weibliche ausreicht. Auf den gemeinsamen Blühtermin der männlichen und weiblichen Sorte muss geachtet werden.

Kiwi-Früchte (Actinidia chinensis)

Seit einigen Jahren gibt es neben der großfrüchtigen Kiwi eine kleinfrüchtige Züchtung, die Bayern-Kiwi oder Weiki *(Actinida arguta)*, die frosthart und pflegeleicht ist, später blüht und ab Anfang Oktober etwa stachelbeergroße, glattschalige Früchte hervorbringt. Der Schnitt ist bei beiden Art gleich.

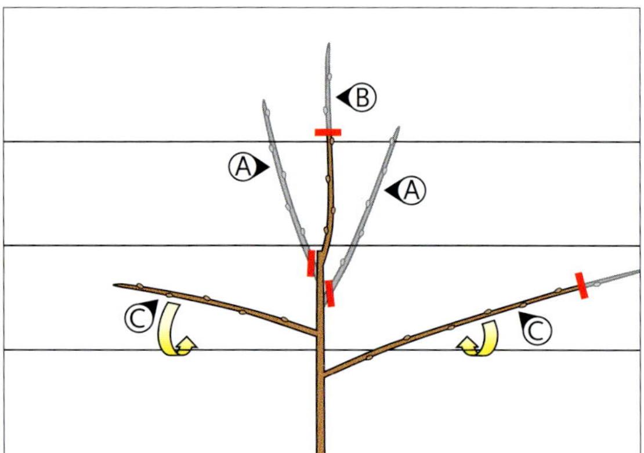

Im 2. Frühjahr steile Seitentriebe (A) entfernen, Mitteltrieb (B) einkürzen. 2 Seitentriebe (c) auf Höhe des untersten Gerüstdrahtes anbinden, bei Bedarf einkürzen.

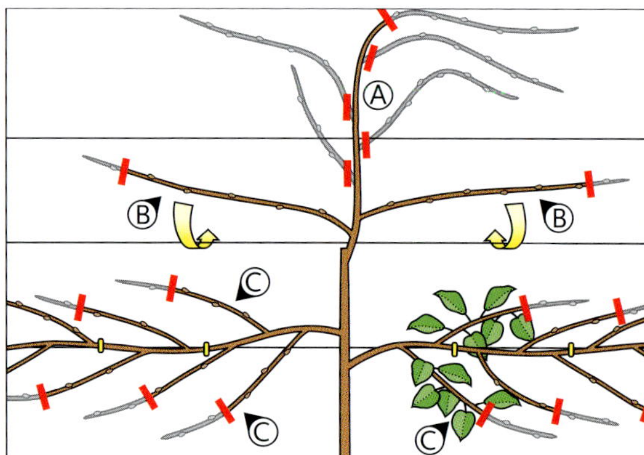

Im 3. Frühjahr Mitte einkürzen und steile Seitentriebe herausschneiden (A), obere Äste anbinden und einkürzen (B), untere Äste (c) auf 4 bis 6 Blätter zurücknehmen.

Pflanzung

Gepflanzt werden kann vom Frühjahr bis in den Herbst. Bei einer Herbstpflanzung sollte man einen Winterschutz anbringen. Am besten zieht man die Pflanzen bei uns an einem Spalier: Man errichtet bereits bei der Pflanzung ein Drahtgerüst von mindestens 2 m Höhe und bringt in Abständen von 50 cm Spanndrähte an. Die Stützpfähle müssen gut verankert werden, da der Kiwistrauch eine große Blattmasse bildet. Der Pflanzabstand beträgt etwa 4 m. Kann sich die Pflanze nach oben hin ausdehnen, kann man auf 3 m Abstand verringern. Kiwis können an Pergolen oder Hauswänden eine Höhe bis zu 6 m erreichen.

Nach der Pflanzung werden die Triebe festgebunden. Später ranken sie sowohl an den Spalierdrähten als auch an Pfosten und eigenen Trieben. Man sollte darauf achten, dass sich die jungen Ranken nicht über die alten schlingen.

Schnitt

Hat sich der Trieb im ersten Jahr nur schwach entwickelt, ist es vorteilhaft, ihn im zweiten Standjahr nochmals zurückzuschneiden, um so einen kräftigeren Austrieb zu erreichen. In den zwei Jahren nach der

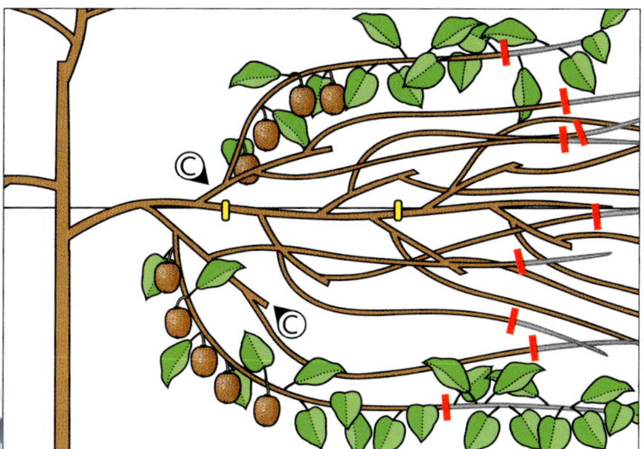

Die im Frühjahr zurückgeschnittenen Seitentriebe (c) bilden Früchte. Den Sommer über werden diese Fruchttriebe auf 5 bis 6 Blätter hinter den Früchten eingekürzt.

Bayern-Kiwi (Actinidia arguta) *im noch unreifen Zustand. Die glattschaligen Früchte werden sich noch rötlich verfärben und werden im Herbst mit der Schale gegessen.*

Pflanzung lässt man die Pflanze am Gerüst frei wachsen, ab dem dritten Jahr muss regelmäßig im Sommer und im Winter geschnitten werden, sonst entsteht sehr schnell ein schwer zu entwirrendes Dickicht.

Man schneidet die Kiwi an frostfreien Tagen zwischen Ende Februar und Mitte März. Bei einem späteren Schnitt fängt die Wunde an zu bluten, der Strauch verliert zuviel Saft. Alte, abgetragene Fruchttriebe werden bis zum Leitast abgeschnitten. Der als Ersatz vorgesehene Jungtrieb sollte nicht zu steil gewachsen sein; von Vorteil ist es, wenn man diesen schon im Sommer vorher in die gewünschte Lage heftet. Durch den Winterschnitt wird eine regelmäßige Fruchtholzverjüngung angeregt. Zu beachten ist, dass die Triebe im Winter leicht brechen, man muss daher vorsichtig vorgehen.

Im Sommer, vorzugsweise im August, kürzt man die mit Früchten behangenen langen Triebe auf etwa fünf bis sechs Blätter hinter den Früchten. Durch diese Maßnahme kommen die Nährstoffe den Früchten zugute. Außerdem ist es leichter, die vielen Ranken in den Griff zu bekommen. Gleichzeitig entfernt man auch zu kleine oder schlecht ausgebildete Früchte.

Weinrebe

Die Weinrebe *(Vitis vinifera)* gedeiht am besten in gemäßigtem Klima. Sie braucht für ihr Wachstum eine Gegend mit warmem Sommer- und langem sonnigem Herbstwetter, wie dies in den sogenannten Weinbaugebieten der Fall ist. Frost kann ab etwa –12 °C Schäden an den Knospen und ab –16 °C am Holz verursachen. Als Hausspalier an einer warmen geschützten Südwand kann man unter Umständen auch noch in etwas weniger begünstigten Lagen Erfolg mit dem Anbau der Weinrebe haben, doch empfiehlt sich auch in Weinbaulagen bei freistehenden Spalieren die Verwendung von robusteren Sorten.

Der Boden darf keine Staunässe aufweisen und sollte nährstoffreich sein. Weinreben vertragen zwar Trockenperioden, doch wird die Entwicklung durch leichte Wassergaben während regenarmer Zeiten mit hohen Temperaturen gefördert, vor allem in Böden mit geringer wasserspeichernder Kraft. Die weit verzweigten Wurzeln einer Weinrebe können bis 5 m lang werden, und dienen dem Stock nicht nur zur Ernährung, sondern auch zur Verankerung in einem oft nur mit wenigen Zentimetern Erde bedeckten, steinigen Gelände.

Pflanzung

Als Pflanzgut werden einjährige Topfreben angeboten. Beim Kauf sollte man darauf achten, dass aus der rundum gut verwachsenen Veredlungsstelle ein kräftiger Trieb gewachsen ist. Man pflanzt erst dann, wenn kein Frost mehr zu erwarten ist, der Boden sich etwas erwärmt hat und abgetrocknet ist.

Gepflanzt wird bei einem Hausspalier 25 cm von der Wand entfernt, bei einem freistehenden Spalier 10 cm von diesem entfernt. Will man mehrere Stöcke pflanzen, so sollte der Abstand zwischen ihnen jeweils etwa 2,50 m betragen. Damit die Wurzeln weit genug von der Hauswand entfernt sind, pflanzt man die Jungrebe schräg zum Spalier, wobei die Veredlungsstelle 3 bis 4 cm über den Boden herausragen soll.

Der Trieb wird nach der Pflanzung auf ein Auge zurückgeschnitten.

Junge Rebstöcke sind die ersten Jahre nach der Pflanzung frostgefährdet. Während der ersten zwei bis drei Standjahre schützt man sie, vor allem in etwas raueren Gegenden, durch Anhäufeln mit Erde im Spätherbst. Im Frühjahr wird die Veredlungsstelle wieder auf 3 bis 4 cm zum Boden freigelegt.

Schnitt

Bei einem Spalier an einer Hauswand oder einem freistehenden Spalier ist die Erziehung der Rebe im ersten Jahr gleich. Der Austrieb wird nach dem Pflanzschnitt auf ein Auge durch häufiges Festbinden und Ausbrechen der Geiztriebe gerade nach oben geleitet. Der Rebstock darf nicht von Unkraut überwuchert werden, da dies einen Befall durch Mehltau begünstigt.

Der Schnitt im Jahr nach der Pflanzung richtet sich nach der Wuchsstärke. Wächst die Rebe sehr stark, so kann bereits nach dem ersten Jahr auf die gewünschte Stammhöhe angeschnitten werden. Der Schnitt erfolgt fünf bis sechs Augen über der gewünschten Stammhöhe. Die sich aus diesen Augen entwickelnden Fruchtruten werden belassen, alle tieferstehenden entfernt. An den Fruchtruten entwickeln sich die Blätter, Ranken und Gescheine (Blüten der Weinrebe). In den Achseln zwischen Blatt und Fruchtrute entwickeln sich die Knospen (Augen), die dann im folgenden Jahr austreiben. In der Regel entstehen drei Knospen, wobei die mittlere als Hauptknospe, die anderen beiden als Nebenknospen bezeichnet werden.

Schwache Reben werden nochmals auf zwei Augen zurückgeschnitten, damit sie kräftiger werden. Man zieht dann zwei Triebe hoch, wovon man im folgenden Jahr den stärkeren als Stämmchen anschneidet, der schwächere wird an der Basis entfernt. Durch diese Maßnahme wird der Stamm gerade, weist keine Schnittstellen auf und ist dadurch widerstandsfähiger gegen Frost.

Weinreben tragen ihre Früchte am diesjährigen Holz.

Man schneidet im Winter, um Augenschäden durch starkes Tropfen an der Schnittstelle zu vermeiden, und führt den Schnitt 2 bis 3 cm schräg über dem obersten Auge, sodass der austretende Saft vom Auge weggeleitet wird.

Sommerpflege

Wichtige Maßnahmen im Sommer sind die Ertragsregulierung und die Laubarbeiten. Im Frühsommer werden Jungtriebe, die sich zwar aus Hauptaugen entwickelt haben, aber zu eng stehen, und solche, die sich aus Nebenaugen entwickelt haben, sowie überflüssige Wasserschosse entfernt.

Fruchttriebe werden sechs Blätter hinter dem letzten Geschein bzw. der letzten Traube entspitzt, auf alle Fälle 20 bis 30 cm über dem obersten Draht, um ein Überhängen zu vermeiden. Unter Umständen muss diese Maßnahme während des Sommers noch ein zweites Mal erfolgen.

Trägt ein Rebstock übermäßig viele Trauben, so empfiehlt es sich, einen Teil davon auszudünnen. Dazu entfernt man zuerst Trauben an schwächeren Trieben. Muss noch weiter ausgedünnt werden, so folgen Trauben, die sich auf Fruchttrieben aus Nebenknospen entwickelt haben.

Man sollte das die Trauben umgebende Laub noch im Sommer entfernen. Im Herbst können freihängende Trauben schneller abtrocknen und mehr von direkter Sonnenbestrahlung profitieren. Erntet man nicht auf einmal, so finden sich die reifen Trauben schneller und faule können leichter entfernt werden.

Schnitt eines waagerechten Kordons

Der waagerechte Kordon eignet sich für die Begrünung von Süd-, Südost- und Südwestwänden. Je ungünstiger die Lage, desto mehr nach Süden sollte das Spalier ausgerichtet sein. Dazu wird mit Dübeln ein Drahtgerüst an der Wand angebracht. Der unterste Draht wird ca. 40 bis 60 cm, abhängig von der gewünschten Stammlänge, über dem Boden gezogen. Im Abstand von je ca. 30 cm darüber werden drei bis vier weitere Drähte parallel dazu angebracht. Man rechnet für einen senkrechten Trieb je nach Wuchsstärke der Sorte eine Länge von 60 bis 90 cm.

Die Fruchtruten, die nach dem Anschneiden der Stammhöhe entstehen, werden im Spätwinter bis auf eine entfernt. Diese wird am waagerechten Spalier befestigt und auf 40 bis 50 cm eingekürzt. Von den aus diesem Streckbogen treibenden Fruchtruten werden drei oder vier nach oben wachsende belassen. Diese

Die Triebe des letztjährigen Holzes werden auf Zapfen mit zwei Augen zurückgeschnitten, aus denen sich Fruchttriebe entwickeln werden.

Fruchtruten entwickeln sich dann kräftig und bilden Geiztriebe aus, die ebenso leistungsfähige Blätter tragen, die für eine optimale Ernährung des Rebstockes sorgen. Die vorderste Rute wird während der Vegetationszeit laufend waagrecht am Spalier befestigt und dann beim nächsten Schnitt im kommenden Spätwinter wiederum auf 40 cm eingekürzt. Die senkrechten Fruchtruten, an denen man im Sommer nur eine Traube belässt, werden beim Winterschnitt auf Zapfen mit zwei Augen zurückgeschnitten. Dieser Vorgang wiederholt sich nun jedes Jahr, wobei die vorderste Fruchtrute so lange am Spalier weitergezogen wird, bis der vorgesehene Raum ausgefüllt ist oder die Triebkraft des Stockes nachlässt. Von den beiden Fruchtruten, die aus den Zapfen gewachsen sind, wird später immer die obere entfernt und die untere wieder auf zwei Augen zurückgeschnitten. Als Faustregel kann man einen Besatz von sechs bis sieben Augen pro Quadratmeter Fläche zugrunde legen.

EXPERTEN-TIPP

Bei einem senkrechten Kordon, der sich für schmale Wandstellen anbietet, wenn z. B. zwischen Fenstern begrünt werden soll, wird das Stämmchen als Mitteltrieb gerade hochgezogen und man erzieht die Fruchttriebe in gleicher Art statt senkrecht waagrecht, wobei der Ansatz sich wechselweise links und rechts befinden soll.

Schnitt eines Fächerspaliers

Ausgangspunkt ist ein Stämmchen mit 40 cm Höhe. An dem Stämmchen bilden sich im zweiten Standjahr kräftige Ruten, von denen man die drei bis fünf obersten belässt, die anderen werden weggeschnitten. Man schneidet in den nächsten Jahren jeweils das Stämmchen, also den Mitteltrieb, auf fünf bis sechs Augen, die sich bildenden Seitentriebe auf vier bis fünf Augen zurück. Die an den Seitentrieben entstehenden Verzweigungen werden 1 cm über dem oberen Auge auf Zapfen mit zwei Augen zurückgeschnitten. Aus diesen entwickeln sich fruchttragende Reben, die, nachdem sie Früchte getragen haben, wieder entfernt werden. Dabei wird die obere Rebe bis zur Ansatzstelle der unteren Rebe entfernt, die untere Rebe wird auf zwei Augen zurückgeschnitten. Dieser Vorgang wiederholt sich in den folgenden Jahren.

Einkürzen der Fruchtreben

Fruchtreben kürzt man auf einige Blätter über dem obersten Geschein ein. Unbefruchtete Gescheine entfernt man. Lange Triebe (Ersatzreben) werden angebunden und am Ende des Sommers auf etwa 1 m eingekürzt. Entstehende Geiztriebe werden im Sommer wegen der besseren Belichtung laufend auf ein Blatt zurückgenommen. Man bricht sie nicht aus, um die sich in der Blattachsel befindende Knospe nicht zu verletzen. Kümmerlich wachsende Triebe mit kleinen Blättern werden ebenfalls zugunsten der Belichtung entfernt.

Bildet ein Stock viele kümmerliche Triebe mit kleinen Trauben aus, muss kürzer geschnitten werden. Treiben im Gegensatz dazu auch Basisknospen und schlafende Augen aus und bilden schöne Triebe, und wächst der Rebstock sehr kräftig, kann länger geschnitten werden.

Im Sommer werden beim Spalier laufend alle Stammausschläge entfernt, ebenso Triebe, die sich aus Nebenaugen entwickelt haben. Die Fruchtruten werden entspitzt, wenn sie die vorgesehene Länge erreicht und sich am obersten Draht festgerankt haben.

Spezieller Schnitt: Wildobst

Schwarzer Holunder

Holunder (Edelsorten von *Sambucus nigra*) wollen an einem windgeschützten Platz in frischem, nährstoffreichem, nicht zu trockenem Boden stehen. Man kann sie, wenn diese Voraussetzungen gegeben sind, auch in höheren Lagen pflanzen. Allerdings werden die Fruchtruten mit zunehmender Höhenlage immer kürzer.

Auf Staunässe und vor allem Überschwemmungen reagiert Holunder sehr empfindlich, ebenso verringern Trockenperioden den Ernteertrag.

Bei Holunder sind die Knospen anders angeordnet als beim Kern- und Steinobst. Es befinden sich neben einer Hauptknospe mehrere Nebenknospen, die am Trieb in gleicher Höhe parallel zueinander angeordnet sind und sich von Paar zu Paar jeweils um 90° drehen. Die gegenüberliegende Knospenstellung hat eine stärkere Verdickung am Trieb zur Folge; diese Verdickungen nennt man Knoten. Die Abstände zwischen den Knoten, die Internodien, sind relativ lang.

Holunderblüten können im Frühsommer geerntet und beispielweise zu Sirup verarbeitet werden.

Pflanzung

Da Holunderwurzeln für Mäuse eine sehr begehrte Nahrung darstellen, sollte man mit einem Drahtkorb Vorsorge gegen Mäusefraß treffen und die Pflanzung erst im Frühjahr vornehmen.

Da in Bodennähe die Krankheitsanfälligkeit größer ist, sind Meterstämme einer Erziehung als Busch vorzuziehen. Als Pflanzmaterial verwendet man zweijährige Meterstämme mit Kronentrieben (Baumschule). Für die ersten vier bis fünf Jahre ist ein Baumpfahl als Unterstützung notwendig.

Will man selbst eine Holunderpflanze vermehren, lässt sich eine solche auch leicht aus einem etwa 20 cm langen Steckholz, das mit zwei bis drei Knospen besetzt sein muss, heranziehen. Dazu schneidet man im Winter das Holz von einem einjährigen Trieb, bewahrt es wie ein Edelreis in Sand auf und setzt es im Frühjahr. Im folgenden Herbst schneidet man den kräftigsten Trieb kurz an, er dient zum Aufbau des Stammes. Alle anderen Triebe werden entfernt.

Im darauffolgenden Sommer schneidet man den Trieb auf eine Höhe von 1 m (plus den darüberliegenden zwei Knospenpaaren) an. Alle anderen Triebe werden entfernt.

Pflanzschnitt

Beim Pflanzschnitt eines Meterstämmchens mit Kronentrieben werden vier bis fünf gleichmäßig um die Stammverlängerung angesetzte Triebe auf zwei Knospen zurückgeschnitten.

Stammtriebe und eventuell weitere vorhandene Triebe entfernt man an der Basis.

Erziehungsschnitt

Im Herbst nach der Pflanzung wird ausgelichtet, wobei man sieben bis acht möglichst aufrechte, kräftige Triebe belässt und so die Rundkrone aufbaut.

Schwarzer Holunder bildet willig jedes Jahr zahlreiche 1,50 bis 2 m lange Fruchtruten, an deren Ende sich die

Rohe Holunderbeeren sind nicht für den Verzehr geeignet, sie müssen erhitzt werden.

Blüten- bzw. Fruchtdolden befinden. Durch das Gewicht der Früchte neigen sich die Triebe und bewirken so die hängende Wuchsform dieser Art. Das Kroneninnere ist auf diese Weise immer gut belichtet und bietet ausreichend Platz für nachwachsende einjährige Triebe.
Regelmäßige Schnittmaßnahmen tragen dazu bei, die Qualität der Früchte zu verbessern und ihre Größe zu fördern.

Regelmässiger Winterschnitt für kräftige Neutriebe

Jährlicher Winterschnitt ist erforderlich, wobei man die abgetragenen zweijährigen Äste möglichst auf kurze Zapfen zurücknimmt und bis zu 15, bei älteren Bäumen bis zu 20 kräftige, möglichst in Stammnähe stehende, einjährige Ruten stehen lässt. Überzählige, schwache Ruten werden ausgeschnitten.
Der starke regelmäßige Schnitt beim Holunder ist notwendig, um eine kräftige Neutriebbildung zu erreichen. Im Prinzip hat man auf einem Holunderbaum nur zwei Triebarten: die einjährigen, neu gewachsenen und die zweijährigen, an denen sich die Früchte bilden. Älteres Holz bleibt nur dort stehen, wo man die einjährigen Triebe nicht an der Basis entfernt, sondern abgeleitet hat.
Sollten sich durch äußere Einflüsse, wie lang anhaltende Trockenperioden, zu wenige Neutriebe bilden, so belässt man ausnahmsweise die notwendige Anzahl an zweijährigen Trieben. Beim Winterschnitt werden dann die Seitentriebe derselben auf zwei Knospen zurückgenommen.
Man sollte dafür sorgen, dass kein Schnittgut am Boden liegen bleibt, da Holunder die Eigenschaft hat, sehr rasch aus den Knoten Wurzeln zu bilden und sich so am Boden festzukrallen. Dies macht eine spätere Entfernung sehr mühsam.

Schwarzer Holunder ist im ländlichen Raum in zahlreichen Gärten zu finden. Er wurde schon vor vielen Jahrhunderten als Heilpflanze geschätzt.

Mährische Eberesche

Die Früchte der Mährischen Eberesche sind etwas größer als die der heimischen Art.

Die Mährische Eberesche (*Sorbus aucuparia* 'Edulis') gehört zur Familie der Rosengewächse. Sie wächst als mittelgroßer, bis etwa 15 m hoher Baum mit einer lockeren, hochstrebenden Krone. An den Standort werden keine hohen Ansprüche gestellt. Die Mährische Eberesche verträgt Temperaturen bis –30 °C, ohne Schaden zu nehmen, braucht allerdings ausreichend Feuchtigkeit. Sie verträgt sogar stauende Nässe oder zeitweilige Überschwemmungen. Der Boden sollte humusreich und durchlässig sein und keinen hohen Kalkgehalt aufweisen. Als Pioniergehölz erfüllt sie gute Dienste bei der Bodenfestigung.

Ende Mai bis Anfang Juni erscheinen die weißen Blüten an etwa 15 cm breiten Doldentrauben. Sie werden gern von Bienen angeflogen. Die Früchte reifen im August/September. Man kann sie nicht roh genießen, aber zu Marmelade, Kompott, Saft, Wein oder Likör verarbeiten.

Sorbus aucuparia zählt zu den wichtigen Vogelnährgehölzen.

Weitere Sorten

Es wurden einige Sorten mit besonderen Eigenschaften entwickelt, unter anderem die Sorte 'Konzentra', die einen sehr hohen Vitamin-C-Gehalt aufweist und sich in erster Linie zur Herstellung von Konzentraten und Säften eignet. Der Baum bildet eine hohe, schmale Krone mit steil aufrecht stehenden Ästen.

Die Sorte 'Rosina' mit mittelstarkem Wuchs bildet große bis sehr große Einzelfrüchte.

Die Wahl der Unterlage

Meist wird die Mährische Eberesche auf die Gewöhnliche Eberesche aufveredelt. Man erhält dabei allerdings große Bäume mit einem spät einsetzenden Ertrag. Bei Veredlung auf Quitte C oder Quitte de Provence bleiben die Bäume schwachwüchsig. Auf Weißdorn als Unterlage aufveredelt bleiben die Bäume zwar am kleinsten; wegen der Feuerbrandanfälligkeit der Unterlage ist diese Kombination allerdings nicht zu empfehlen.

Der frisch gesetzte Baum benötigt einen Pfahl, der über mehrere Jahre stehen bleiben sollte.

Schnitt

Es erfolgt in der Regel kein Schnitt, man kann gegebenenfalls die Äste nach der Pflanzung etwas flacher binden, um die Ernte zu erleichtern. Kranke und dürre Äste sowie zu starke Konkurrenztriebe zum Mitteltrieb werden entfernt.

Ein Auslichtungsschnitt ist nicht erforderlich, da die Kronen von Natur aus locker aufgebaut sind. Würde man kräftig schneiden, hätte dies zahlreiche Stockaustriebe am Wurzelhals zur Folge.

Speierling

Der Speierling *(Sorbus domestica)* ist wie die Mährische Eberesche ein Rosengewächs. Er wächst sehr langsam, kann aber im Laufe der Jahre bis 15 m hoch werden und Kronen mit einem Durchmesser von über 10 m ausbilden. Der wärmeliebende Baum hat hohe Standortansprüche. Er gedeiht am besten in ausgesprochenen Weinlagen an windgeschützten und hellen, sonnigen Stellen. Man findet ihn an Waldrändern oder in der Umgebung von Weinbergen. Der Boden muss nährstoffreich, tiefgründig und vor allem kalkreich sein. Trockenperioden verträgt er gut, da er mit seinen weitreichenden Faserwurzeln auch noch aus tieferen Bodenschichten genügend Feuchtigkeit findet, während ihm Staunässe und zuviel Feuchtigkeit schadet. Bei Spätfrösten können die jungen Austriebe zu Schaden kommen.

Die erste Blüte und damit der erste Ertrag ist in der Regel erst etwa 10 bis 15 Jahre nach der Pflanzung zu erwarten. Die weißen Blüten sitzen an breiten Dolden, öffnen sich Ende Mai und werden gerne von Bienen und anderen Insekten besucht. Die Früchte können apfel- oder birnenförmig sein und sind klein, gelb mit sonnenseits roter Färbung; sie reifen im September/Oktober. Sehr begehrt aufgrund seiner Härte und Dichte ist das Holz des Speierlings.

Aus den Früchten des Speierlings kann Schnaps hergestellt werden. Meist werden die Früchte allerdings als Säurelieferant bei der Mostherstellung verwendet. Der Most wird so klarer, haltbarer und aromatischer. Allerdings muss man dafür die Früchte in hartreifem Zustand ernten, um den hohen Gerbstoffgehalt zu erhalten. Für die Maische zur Schnapsherstellung kann man warten, bis die Früchte von selbst in reifem Zustand vom Baum fallen.

Ein Grund für das seltene Vorkommen des Speierlings ist u. a. die schwierige Vermehrung. Die Samen keimen erst, wenn sie zuvor einen Vogel- oder Tiermagen und -darm durchwandert und diesen auch unversehrt wieder verlassen haben. In den Baumschulen behilft man sich mit künstlichen Verfahren (sogenannte Stratizifierungsverfahren), um zum gleichen Ergebnis zu kommen. Die jungen Pflänzchen sind jedoch hier wie dort sehr anfällig und wachsen nur zögerlich.

Schnittmaßnahmen sind nicht erforderlich. Es wird lediglich in den ersten Jahren bis zur gewünschten Höhe aufgeastet.

EXPERTEN-TIPP

Durch längere Lagerzeit oder Frost werden die Früchte weich. Sie sind dann allerdings unansehnlich und bräunlich verfärbt. Teigige, weiche Früchte haben ihren hohen Anteil an Gerbsäure verloren und können auch roh gegessen werden.

Die Früchte des Speierlings sind 3 bis 4 cm lang. Sie haben einen hohen Gerbstoffgehalt.

Kirschen

Vogelkirsche

Die Vogelkirsche *(Prunus avium)* findet man in unserem Klimaraum häufig in Laubwäldern bis hinauf in Alpentäler in Höhenlagen von 2000 m NN, aber auch als markante Einzelbäume in freier Landschaft. Sie benötigt einen hellen und sonnigen Standort mit durchlässigem, nahrhaftem Boden. Trockenperioden schaden dem Baum nicht, wohingegen er feuchte oder nasse Standorte überhaupt nicht verträgt. Dort leidet er an Gummifluss, das Holz reift nicht aus und es kommt dann als Folge davon bei Minusgraden zu Holzfrostschäden, die bis zum Absterben führen können.

Die Sämlinge der Vogelkirsche wachsen zu kräftigen Bäumen heran, die bis 20 m hoch werden können. Für eine bessere Kronenbildung werden am jungen Baum drei bis vier nicht zu steil stehende Leitäste um etwa die Hälfte eingekürzt und die Mitte entsprechend angeschnitten, sodass sie die Leitäste in ihrer Länge um etwa 15 cm überragt. Alle übrigen Triebe werden entfernt. Man sorgt dafür, dass keine Schlitzäste entstehen und hilft gegebenenfalls mit einem Sperrholz nach.

Im zweiten und dritten Standjahr werden die Leitäste und die Stammverlängerung um etwa ein Drittel eingekürzt und man schneidet die Fruchtäste so an, dass sie bis zur Spitze des Leitastes einen pyramidalen Aufbau bilden.

Ein weiterer Schnitt ist nicht nötig; man kann die Vogelkirsche allerdings bei Bedarf zurückschneiden, wenn der Baum zu groß wird. Dabei sollte der arttypische Wuchscharakter nicht zerstört werden. Schnittmaßnahmen nimmt man, wenn möglich, im Sommer vor. Wird im Winter geschnitten, so muss dies bereits im Dezember geschehen.

Steinweichsel

Die Steinweichsel *(Prunus mahaleb)* bildet stark wachsende, 4 bis 5 m hoch werdende, breite Büsche mit einer frühen, weißen Blüte. Die kleinen schwärz-

Die Vogekirsche blüht im April/Mai und duftet angenehm.

Die essbaren, bittersüßen Früchte verfärben sich erst rot, später schwarzrot. Sie sind ab Juli reif.

Die kleinen, weißen Steinweichsel-Blüten duften nach Bittermandel.

lichen Kirschen sind essbar und können zu Saft oder Kompott verarbeitet werden.

Bei der Pflanzung wird stark zurückgeschnitten, in den Folgejahren führt man einen notwendigen Auslichtungs- oder Verjüngungsschnitt durch, und zwar möglichst während der Vegetationszeit, vorzugsweise im August. Wird im Winter geschnitten, so darf der Schnitt nicht zu spät erfolgen, da das Gehölz schon sehr früh im Saft steht.

Schlehe

Schlehen *(Prunus spinosa)* sind in ganz Europa verbreitet. Man findet sie bis in Höhenlagen um 1400 m an Waldrändern, Kahlschlägen, als Hecken oder in lichten Laubwäldern als dicht verzweigte, undurchdringliche, bis 3 m hoch werdende Sträucher, die mit ihren flachen, aber sehr weit verzweigten Wurzeln zahlreiche Wurzelausläufer bilden und so meist in größerer Zahl nebeneinanderstehen. Schon im März öffnen sich die reinweißen, dicht stehenden Blüten und überziehen den ganzen Strauch. Die etwa kirschgroße Frucht wird erst nach dem ersten Frost genießbar und schmeckt auch dann noch säuerlich.

An den Standort stellt die Schlehe so gut wie keine Ansprüche. Schlehen sind sehr leicht zu vermehren, wobei Wurzelausläufer sehr schnell wachsen (Vorsicht in kleinen Gärten!). Schlehen lassen sich gut verpflanzen und wachsen problemlos an.

Bei der Pflanzung werden die einjährigen Triebe sehr stark, etwa um die Hälfte, zurückgeschnitten. Durch den sehr dichten Wuchs und die starke Bedornung der Schlehe kann man einzelne Äste und Triebe nicht oder doch nur mit sehr viel Mühe herausnehmen. Allerdings verträgt sie jeglichen Rückschnitt sehr gut und treibt wieder willig aus.

Schlehen sind roh nur bedingt – nach den ersten Frösten – zu genießen.

Gemeine Berberitze

Die Gemeine Berberitze *(Berberis vulgaris)* wächst als sommergrüner Strauch mit überhängenden, gelblichgrauen Zweigen, der eine Höhe von 1 bis 2,5 m erreichen kann. An den Langtrieben stehen 1 bis 2 cm lange Dornen. Die leuchtend gelben Blüten hängen in 5 bis 7 cm langen Trauben und verströmen einen starken Duft, der Bienen und andere Insekten anlockt. Die walzenartigen, hochroten, etwa 1 cm langen Beeren weisen eine dunkle Spitze auf.

Man findet die Gemeine Berberitze in der freien Natur an sonnigen, trockenen Stellen. Der Boden sollte kalkhaltig und keinesfalls zu feucht sein. Die Pflanze steht in Hecken und Gebüschen und vermehrt sich leicht und schnell, da Vögel für eine weiträumige Verbreitung sorgen.

Die Beeren enthalten Apfelsäure, verschiedene Zucker und Vitamin C. Vom Rohgenuss ist aufgrund ihres sehr sauren Geschmackes abzuraten; man gibt sie stattdessen Marmeladen und Gelees bei.

Die säuerlichen Berberitzen können zu Marmelade, Gelee oder Saft verarbeitet werden.

Die kleinen, gelben Blütchen locken zahlreiche Insekten an.

Schnitt

Während der Vegetationsruhe wird altes Holz direkt über dem Boden abgeschnitten. Die Gehölze treiben willig wieder aus und verjüngen sich so laufend. Zu starke Triebe können auch im Sommer zurückgenommen werden.

Weitere Arten und Sorten

In Baumschulen findet man unterschiedliche Gartenformen. Die immergrüne *Berberis frikartii* 'Amstelveen' ist sehr frosthart. Die schwachwüchsige *Berberis buxifolia* 'Nana' wird nicht höher als 50 cm. Die bekannte grüne Hecken-Berberitze *Berberis thunbergii*, ein kleiner 1 bis 1,50 m hoher, sehr schnittverträglicher Strauch, wird gerne für Hecken verwendet.

Man findet unter der Vielzahl des Angebotes auch Sorten, die für saure oder feuchtere Böden geeignet sind.

Kornelkirsche

Die auffälligen ovalen Früchte verfärben sich ab August rot. Sie sind vor allem für die Zubereitung von Marmeladen, Kompott und Saft geeignet.

Die Kornelkirsche *(Cornus mas)* gehört zu den Hartriegelgewächsen. Man findet die Sträucher oder kleinkronigen Bäume in der freien Natur vor allem an Waldrändern und in lichten Wäldern der Mittelgebirge an trockenen Standorten.

Wenn man Kornelkirschen zur Fruchtgewinnung pflanzen will, wählt man am besten einen sonnigen Platz, der ausreichend Feuchtigkeit ohne stauende Nässe aufweist.

Die ovalen, 2 bis 3 cm langen und 1 cm dicken roten, mit zunehmender Reife immer dunkler werdenden Früchte haben einen sehr hohen Vitamin-C-Gehalt von etwa 125 mg/100 g Frucht. Im Geschmack erinnern die angenehm süßsäuerlichen Früchte an Sauerkirschen. Mit den ersten Früchten ist ab dem vierten Standjahr nach der Pflanzung zu rechnen.

Schnitt

Die Vermehrung erfolgt mit Sämlingen. Als Pflanzmaterial verwendet man vorzugsweise zwei- oder dreijährige Pflanzen.

Bei der Pflanzung sollte ein starker Rückschnitt erfolgen. Wird die Pflanze nicht beschnitten, bildet sie sehr dichte Sträucher, sodass sich alle paar Jahre ein Auslichtungsschnitt lohnt. Die Kornelkirsche ist gegen Krankheiten und Schädlinge sehr widerstandsfähig.

Vorfrühlingsblüher: Kornelkirsche

Holzapfel

Der Holzapfel *(Malus sylvestris)* wächst als ein bis zu 10 m hoher Baum, dessen abstehende Äste dornige Triebe aufweisen. In seltenen Fällen findet man ihn auch strauchartig mit drei oder vier stammartigen Gerüstästen am Boden verzweigt. Seine weißen bis rosafarbenen, zart duftenden Blüten stehen an aufrechten Doldentrauben und erscheinen im April/Mai. Die runden, kleinen Früchte (2,0 bis 2,5 cm im Durchmesser) sind von gelbgrüner Farbe und herbem, saurem Geschmack.

Der Holzapfel liebt wie die Kulturapfelsorten frische, eher trockene als feuchte Böden und während der Vegetationszeit kein zu raues, kaltes Klima.

Die gelbgrün gefärbten Wildäpfel sind wesentlich kleiner als die Früchte der Kulturapfelsorten.

Unterlage und Pflanzung

Grundsätzlich wird man für einen Wildapfel eine starkwachsende Sämlingsunterlage verwenden, um seine Standfestigkeit zu fördern. Man bekommt ihn allerdings auch schon für kleinkronige oder niederstämmige Zierbäume auf zwar noch standfesten, aber doch schon dem Sämling gegenüber schwächer wachsenden Unterlagen wie M11 und A2. Zieräpfel werden heute auch schon als Busch mit strauchartigem Wuchs angeboten.

Pflege und Schnitt

Pflegearbeiten wie Düngung oder Pflanzenschutz sind nicht notwendig.

Dürre, abgebrochene oder beschädigte Äste werden entfernt. Auch einen Rückschnitt, wenn der Baum seine zugemessene Größe überschreitet, oder einen Auslichtungsschnitt verträgt die Obstart gut. Spezielle Schnittmaßnahmen sind jedoch nicht erforderlich.

Arten und Sorten

An Zierformen findet man z. B. *Malus* 'Charlottae', einen breit aufrecht wachsenden Baum mit zartrosa, nach Veilchen duftenden Blüten und *Malus* 'Van Eseltine', einen säulenförmig straff aufrecht wachsenden, bis 8 m hoch werdenden Baum mit kräftig rosafarbenen und bis 3,5 cm großen Blüten. *Malus sargentii* bildet breite Büsche mit fast waagrechten Seitenästen und hat einen sehr langsamen Wuchs. *Malus sieboldii* 'Wintergold' wächst als kleinbleibender Baum oder Strauch mit etwas sparrigen und leicht überhängenden Zweigen und rosa Knospen, die sich zu reinweißen Blüten öffnen. Seine kleinen, kugeligen, nur 1 cm großen Früchte sitzen dicht nebeneinander an langen Stielen und bleiben sehr lange, oft bis in den Dezember hinein, am Baum.

Wildbirne

Wildbirnen *(Pyrus pyraster)* findet man in ganz Mitteleuropa als 15 bis höchstens 20 m hohe Bäume mit breitpyramidalen Kronen aus sparrig abstehenden Ästen.

Sie lieben helle und sonnige Standorte mit durchlässigen Böden. Trockenperioden machen ihnen wenig zu schaffen, da ihre Wurzeln sehr tief in die Erde gehen, während sie jedoch in feuchten Böden oder in Böden mit stauender Nässe nicht gedeihen. Ebenso wenig vertragen sie Schattenlagen. Steht die Wildbirne an einem Platz, der ihren Ansprüchen genügt, ist sie im Gegensatz zu unseren Kultursorten, die allesamt auf ein mildes Weinbauklima angewiesen sind, ausgesprochen winterhart und frostunempfindlich. Auch Krankheiten und Schädlingen können die robuste Wildbirne nicht beeinträchtigen.

Die schwach duftenden, in zottig behaarten Doldentrauben stehenden Blüten, die im April/Mai erscheinen, gleichen den Blüten der bekannten Kultursorten, die grünlich gelben, kugeligen bis leicht birnförmigen Früchte sind jedoch mit 2,50 bis 3,00 cm Durchmesser kleiner. Sie sind ausgesprochen gerbstoffreich mit hartem Fruchtfleisch. Für den Menschen in rohem Zustand völlig ungenießbar, dienen sie jedoch vielen Tieren und Vögeln als Nahrung. Als Verwertung kommt bestenfalls die Verarbeitung zu Fruchtwein infrage.

Die zarten Blüten der Wildbirne ähneln den Blüten der Edelsorten.

Schnitt

Im Prinzip wachsen Wildbirnenbäume ohne Schnitt zu stabilen Hochstämmen heran. Will man sie aber gezielt als prägenden Landschaftsbaum pflanzen, so wird man den Baum einem Pflanzschnitt unterziehen, um sicherzugehen, dass sich die Krone stabil und artgerecht entwickelt.

Dazu werden nach der Pflanzung in bewährter Weise drei bis vier Leitäste bestimmt, die sich rund um den Stamm in unterschiedlicher Höhe verteilen sollen. Diese werden um ein Drittel eingekürzt, ebenso die Stammmitte, die die Leitäste jedoch 10 bis 20 cm überragen muss (es dürfen sich keine Schlitzäste entwickeln). Alle anderen, nicht benötigten Verzweigungen werden entfernt.

In den nächsten drei bis vier Jahren erfolgt dann ein leichter Erziehungsschnitt. Man entfernt dabei alle Konkurrenztriebe, kürzt die einjährigen Verlängerungen der Leitäste und die Stammverlängerung um etwa die Hälfte ein und schneidet die sich an den Leitästen gebildeten Fruchttriebe so an, dass sie sich zur Astspitze hin wie eine Pyramide verjüngen. Zwischen dem ersten Trieb und dem Stamm sollte ein Zwischenraum von ungefähr 40 cm gegeben sein. Bilden sich lange Triebe, können sie im Sommer entspitzt werden.

Später benötigen die Bäume zwar keinen Erhaltungsschnitt mehr, man sollte jedoch dürres Holz auf alle Fälle entfernen.

Wildrose

Mit über 150 verschiedenen Arten sind die Wildrosen *(Rosa)* über Mitteleuropa weit verbreitet. Sie entwickeln sich in ihrer Größe und Ausdehnung meist nach den gegebenen Verhältnissen wie Standort und Bodenqualität. Wegen ihrer guten Bewehrung mit Stacheln bieten die Sträucher Vögeln Schutz und Nistmöglichkeiten.

Sowohl die Blütenblätter als auch die Früchte der Wildrosen werden genutzt. Aus den Blütenblättern einiger Sorten wird Rosenöl hergestellt, das für die Parfümherstellung wichtig ist. Herausragend ist der hohe Vitamin-C-Gehalt der Hagebutten, der bei *Rosa rugosa* z. B. 845 mg/100 g Frucht und bei *Rosa moyesii* 832 mg/100 g beträgt. Dementsprechend wird Hagebuttentee gerne bei Erkältungskrankheiten getrunken. Auch zu Mus, Marmeladen, Saft, Likör, Wein oder Branntwein wird die Frucht verarbeitet.

Arten

Zu den wichtigsten Wildrosen-Arten gehören Hundsrose *(Rosa canina)*, Heckenrose *(Rosa multiflora)*, Schottische Zaunrose *(Rosa rubiginosa)*, Apfelrose *(Rosa rugosa)* und Sandrose *(Rosa carolina)*. Allen gemeinsam sind die zierenden Eigenschaften ihrer Blüten und Früchte.

Schnitt

Bei Wildrosen wird regelmäßig das alte Holz bis zum Boden entfernt. Dadurch erfolgt ein ständiger Neutrieb, der den Strauch laufend verjüngt und das Verwildern verhindert. Dieser Eingriff sollte in Maßen jedes Jahr geschehen, denn entfernt man zu viele Triebe auf einmal, erfolgt ein verstärkter Austrieb, der Strauch wird zu dicht und ist dann in den Folgejahren nur sehr schwer zu pflegen.

Das Fruchtfleisch der Hagebutten ist reich an Vitaminen.

Echte Mispel

Mispeln wurden bereits im Mittelalter in Klostergärten angebaut.

Die Echte Mispel *(Mespilus germanica)* ist ebenfalls ein Rosengewächs. Sie braucht einen warmen, nicht zu trockenen, sonnigen bis leicht halbschattigen Standort mit gut durchlässigen, ausreichend feuchten Böden ohne stauende Nässe, die durchaus auch flachgründig und kiesig sein können. Zu trockene Böden bremsen das ohnehin langsame Wachstum zusätzlich, während zu nasse Böden im Herbst die Holzausreife hinauszögern und das nicht sehr frostfeste Holz dadurch noch mehr gefährden.

Die Blüten, die sich endständig an den seitlichen Verzweigungen der Triebe bilden, öffnen sich erst ab Mitte Mai nach den Eisheiligen und sind daher nicht sehr frostgefährdet. Die im Durchmesser 5 cm großen, einzeln stehenden Blüten sind sie ein Blickfang in jedem Garten.

Die etwa walnussgroßen, braunen, grün punktierten Früchte sind zum Rohgenuss erst nach den ersten Frösten geeignet und schmecken dann süßsäuerlich und etwas weinig. Erntet man sie in hartem Zustand, muss man sie im Lager nachreifen lassen. Man legt sie dazu so aus, dass sie sich nicht gegenseitig berühren und deckt sie, wenn möglich, mit Stroh oder einem ähnlichen Material ab, denn die Wärme beschleunigt den Reifeprozess. Sie die Früchte reif und teigig geworden, können sie nur noch etwa zwei Wochen gelagert werden. Man kann aus Mispeln Marmelade, Gelee, Saft, Wein oder Likör herstellen.

Unterlagen

Man veredelt Mispeln auf Birnen-, Quitten- oder Weißdornunterlagen, wobei Birnenunterlagen ein verhältnismäßig starkes Wachstum auslösen, während man mit Weißdornunterlagen sehr kleinkronige Bäume und kleinbleibende Sträucher erhält.

Schnitt

Die Echte Mispel wächst in der freien Natur ohne äußere Eingriffe als 3 bis 6 m hoher Strauch. In den Baumschulen wird sie aber auch als Baum angeboten, der im Alter bis 8 m hoch werden kann. Sowohl Baum als auch Strauch wachsen sehr langsam und haben einen breit ausladenden Wuchs, der durch die ausgeprägte Drehwüchsigkeit des Stammes und der Äste sparrig und unregelmäßig wirkt. Der Aufbau der Leitäste am Baum muss mit besonderer Sorgfalt vorgenommen werden und erfolgt wie bei der Pyramidenkrone. Auch beim Strauch wird man mit einem leichten Formierungsschnitt für einen lockeren Aufbau sorgen. Ist die Krone aufgebaut, muss im Spätwinter regelmäßig ausgelichtet werden, um den gewünschten Neutrieb zu fördern.

Sanddorn

Die orangefarbenen Früchte des Sanddorns schmecken frisch und säuerlich. Sie enthalten besonders viel Vitamin C.

Der anspruchslose Sanddorn *(Hippophaë rhamnoides)* gehört zur Familie der Ölweidengewächse. Er ist in Europa und Asien an Meeresküsten und Flussufern beheimatet. Der Standort sollte sonnig und warm sein, der Boden sandig oder schotterig, nährstoffarm, aber nicht trocken.

Der stark bedornte Strauch wird bis zu 6 oder 7 m hoch und entwickelt sparrige Zweige mit silbrig grauem, schmalem, lanzettlich geformtem Laub. Man findet den Strauch in Gärten und Parks – er dient als Straßenbegleitgrün, als Pionierpflanze zur Uferbefestigung und wird wegen seiner zahlreichen Wurzelausläufer z. B. in den Niederlanden zur Dünen-Befestigung angepflanzt.

Seine unscheinbaren Blüten zeigen sich im März/April. Sanddorn ist zweihäusig, es gibt also Pflanzen mit nur männlichen Blüten und solche mit nur weiblichen Blüten. Aus diesem Grund muss man dafür sorgen, dass immer weibliche (z. B. 'Leikora', 'Ascola') und männliche Sträucher (z. B. 'Pollmix') gepflanzt werden, da ansonsten keine Befruchtung stattfindet. Die Ernte der 0,6 bis 1 cm langen orangefarbenen Früchte kann im September/Oktober beginnen und bis zum kommenden Frühjahr erfolgen, da der Frost den Früchten nichts anhaben kann.

Die rohen Sanddornfrüchte haben einen erfrischenden zitronigen, orangigen Geschmack. Sie können zu Marmeladen oder Säften verarbeitet werden. Bemerkenswert ist der hohe Vitamin-C-Gehalt, der allerdings je nach Standort sehr unterschiedlich ist.

Schnitt

Im Prinzip ist kein Schnitt nötig. Der Strauch verträgt aber gut einen Rückschnitt als Höhenbegrenzung, den man praktischerweise bei der Ernte ausführt, sodass man einen Teil der Beeren nicht in der Höhe ernten muss, sondern vom Schnittgut abpflücken kann. Es sind bereits Sorten im Handel wie z. B. 'Hergo' oder 'Leikora', die im Erwerb in Plantagen angebaut werden.

Gemeine Felsenbirne

Die heimische Gemeine Felsenbirne *(Amelanchier ovalis)* wächst strauchförmig, locker aufrecht bis rundlich und wird 1 bis 3 m hoch und breit. Sie treibt Ausläufer.

Das wärmebedürftige Gehölz fühlt sich in der vollen Sonne, aber auch im lichten Schatten wohl und verträgt sowohl Hitze als auch Frost. Es bevorzugt durchlässig trockenen bis frischen, kalkhaltigen, stickstoffarmen Boden.

Die attraktiven, kleinen, weißen Blüten haben einen sehr hohen Schmuckwert und locken im April/Mai Schmetterlinge in den Garten. Die kugeligen, beerenartigen Früchte des Vogelnährgehölzes sind bläulich bis schwarz gefärbt und können ab Juli/August roh, direkt vom Strauch genascht werden oder zu Marmelade, Mus, Saft oder Wein weiterverarbeitet werden. Sie schmecken leicht nach Bittermandel. Getrocknet können sie als Rosinenersatz dienen.

Arten

Neben der Gemeinen Felsenbirne werden vor allem die trichterförmig, leicht überhängend wachsende Kupfer-Felsenbirne *(Amelanchier lamarckii)* und die Kahle Felsenbirne (*Amelanchier laevis* 'Ballerina') wegen ihres Zierwertes und der Früchte angepflanzt.

Schnitt

Regelmäßige Schnittmaßnahmen sind nicht erforderlich, da die Sträucher von Natur aus locker wachsen.

Sollte der Strauch zu dicht gewachsen sein, kann er im Winter oder direkt nach der Blüte im Frühsommer ausgelichtet und verjüngt werden, indem alte Triebe über dem Boden abgeschnitten werden. Vorsicht: Ein höher angesetzer Schnitt führt zu Besenbildung.

Bei Bedarf wird auch ein starker Rückschnitt vertragen.

Die erbsengroßen blauschwarzen Früchte schmecken süß und saftig.

Hoher Zierwert: prächtige, orange- bis scharlachrote Herbstfärbung

Der Schnitt-Kalender

Januar

- Edelreiser für spätere Veredlungen schneiden.
- Winterschnitt bei älteren Bäumen und Hochstämmen (Ausnahme: frostempfindliche Aprikosen, Pfirsiche, Kiwis).
- Winterschnitt bei Roten Johannisbeeren, Stachelbeeren und Sauerkirschen.

Februar

- Ende des Winterschnitts an älteren Bäumen und Hochstämmen. Bei Bäumen, die eine reiche Ernte hatten und zur Alternanz neigen, bis kurz vor der Blüte mit dem Schnitt warten, da dann Blütenknospen besser erkennbar sind.
- Krebsstellen mit einem scharfen Messer ausschneiden (alle kranken Gewebeteile entfernen!), Wunde mit Wundverschlussmittel behandeln.
- Kiwis schneiden, Triebe anschließend in gewünschter Form an das Spalier heften.
- Ende des Monats bei frostfreiem Wetter mit dem Schnitt von Weinreben beginnen.

März

- Ende des Winterschnitts: Vor allem bei Spindelbäumen dürfen nach Beendigung der Schnittarbeiten in den oberen Kronenbereichen keine starken Äste mehr vorhanden sein, die den Baum überbauen.
- Schneiden der empfindlichen Pfirsich- und Aprikosenbäume
- Pflanzschnitt an den im Herbst oder Frühjahr gepflanzten Jungbäumen (unbedingt vor dem Austrieb durchführen).
- Pflanzung junger Bäume.
- Bei Brombeeren alte Ruten entfernen, die verbliebenen am Gerüst fächerförmig festbinden und auf 2,20 bis 2,50 m einkürzen. Geiztriebe auf zwei Augen zurückschneiden.
- Bei Himbeeren die Jungruten auf den vorgesehenen Endabstand vereinzeln. Kranke, frostgeschädigte oder zu starke Jungruten direkt am Boden abschneiden.
- Bei Johannisbeeren überflüssige Triebe dicht über dem Boden abschneiden.
- Stachelbeeren ausreichend auslichten, um dem Amerikanischen Stachelbeermehltau vorzubeugen: Bei mehltauanfälligen Sorten alle Triebe um drei bis vier Knospen einkürzen.

April

- Neupflanzung sowie Pflanzschnitt abschließen.
- Umpfropfen ab Mitte des Monats.
- Von Blattläusen, Schorf und Mehltau befallene Triebe abschneiden und entfernen.

Mai

- Befall mit Schorf, Mehltau und Monilia sowie Blattläusen, Frostspannern, Himbeerkäfern und Roter Spinne beobachten. Mechanisches Entfernen der kranken Triebe.
- Stockausschläge laufend entfernen. Dabei nicht den Wurzelhals freilegen oder verletzen.
- Herunterbinden von zu steil wachsenden Trieben, aber auf keinen Fall Konkurrenztrieb waagrecht binden (kann zu einer unerwünschten Überbauung der Krone führen).

Juni

- Noch nicht verholzte Triebe am Astansatz durch Binden oder Spreizen in die gewünschte Stellung bringen.
- Wasserschosse ausbrechen.
- Bei stärker wachsenden Jungbäumen Triebspitzen einjähriger Triebe abknipsen, die nicht zum Kronenaufbau benötigt werden.
- Fruchtausdünnung, wenn noch ein zu starker Behang vorhanden ist.

- Bei Brombeeren Geiztriebe auf zwei bis drei Blätter kürzen.
- Bei Weinreben laufend nicht benötigte Geiztriebe aus dem alten Holz entfernen.

Juli

- Konkurrenztriebe und Wasserschosse entfernen.
- Nach Bedarf Triebe binden, um die gewünschte Wuchsform zu erziehen.
- Bei Bedarf Fruchtausdünnung (vorrangig verletzte oder verkrüppelte Früchte entfernen).
- Schwächere Äste mit starkem Fruchtbehang stützen.
- Bei Brombeeren Geiztriebe zurückschneiden.
- Abgeerntete Himbeerruten nach der Ernte dicht am Boden abschneiden.
- Kiwis nach dem fünften bis sechsten Blatt über der Frucht entspitzen.
- Triebe der Weinrebe anheften, wobei man sie nach drei Blättern oberhalb des letzten Gescheins (Blüte) entspitzt. Blütenlose Triebe nach etwa sieben Blättern entspitzen.
- Nach der Ernte Schnitt von Süßkirschen möglich. Die schönsten Früchte werden am zwei- bis vierjährigen Holz gebildet.

August

- Binde- bzw. Formierungsarbeit beenden, bevor die jungen Triebe ihre Entwicklung abgeschlossen haben und verholzen.
- Bei allen Obstarten dürre Äste und Zweige bis zum gesunden Holz zurückschneiden.
- Abgeerntete Aprikosen-, Pfirsich- und Kirschbäume schneiden.
- Korrekturen an Walnussbäumen vornehmen.
- Brombeeren, Weinreben und Kiwis laufend an ihr Gerüst binden, zu lange Triebe entspitzen bzw. etwas zurücknehmen.
- Auslichtungsschnitt bei Johannisbeeren möglich.
- Nach der Ernte bei einmal tragenden Himbeeren alle abgetragenen Ruten bodeneben entfernen, ebenso schwache, verletzte oder außerhalb der für die Pflanzung vorgesehenen Fläche befindliche Jungtriebe.

September

- Pflanzenschutz: Leimringe anbringen (gegen Raupen des Frostspanners).
- Haupterntezeit von Äpfeln und Birnen.

Oktober

- Pflanzung neuer Johannisbeer- und Stachelbeersträucher sowie anderer Obstarten mit Ausnahme von Pfirsichen und Aprikosen.

November

- Mit dem Winterschnitt bei älteren Apfel- und Birnbäumen, Mirabellen, Renekloden und Zwetschen beginnen. Von Krebs befallene Stellen ausschneiden und größere Wunden mit Baumwachs behandeln.
- Johannis- und Stachelbeeren schneiden, falls noch nicht geschehen.
- Pflanzung von Sträuchern und Bäumen jeder Obstart, bevor Bodenfrost eintritt. Veredlungsstelle muss mindestens 10 cm über der Bodenoberfläche liegen.

Dezember

- Ende des Monats Edelreiser für Veredlungen schneiden, die im kommenden Frühjahr vorgenommen werden sollen.
- Winterschnitt bei älteren Bäumen und frostharten Obstarten wie Sauerkirsche, Johannisbeeren und Stachelbeeren. Stärkere Schnittmaßnahmen während der Vegetationsruhe bewirken bei Bäumen ebenso wie bei Sträuchern im kommenden Frühjahr einen verstärkten Austrieb.
- Beim Schnitt von Kernobst alle mit Mehltau befallenen Triebe entfernen oder zumindest bis ins gesunde Holz zurückschneiden, da der Pilz ansonsten sofort im Frühjahr den Neuzuwachs infiziert.

Nachbarrecht

Um Differenzen mit Nachbarn und Grundstücksanliegern zu vermeiden, sollte man in groben Zügen über das sogenannte Nachbarrecht informiert sein, in dem Pflanzabstände, Baum- und Strauchhöhen etc. geregelt sind.
Das Nachbarrecht ist, wie alle juristischen Texte, ein sehr schwieriges und für Nichtjuristen oft schwer nachvollziehbares Werk. In jedem Fall ist es besser, sich mit dem Nachbarn um ein gutes Verhältnis zu bemühen und dafür zu sorgen, dass es zu keinen Streitigkeiten kommt, die einen großen juristischen Apparat in Bewegung setzen.

Auskunftsstellen

Da das Nachbarrecht Angelegenheit der einzelnen Bundesländer ist, können sich die Grenzabstände und andere, Grundstücke betreffende Vorschriften unterscheiden. Dazu können auch noch Gemeinden oder Städte Vorschriften erlassen. Um sicherzugehen und Schwierigkeiten zu vermeiden, ist es im Zweifelsfall empfehlenswert, sich bei der zuständigen Gemeindeverwaltung über die örtlichen Vorschriften für Bepflanzungen innerhalb des Ortes zu informieren.

Grenzprobleme

Auf das Nachbargrundstück ragende Äste dürfen vom Nachbarn nicht ohne Erlaubnis entfernt werden. Ebenso darf kein Obst von denselben abgeerntet werden. Obst, welches am Boden liegt, gehört dem jeweiligen Besitzer, auf dessen Grundstück es sich befindet. Auf der anderen Seite darf der Baumeigentümer das Nachbargrundstück ohne Erlaubnis des Eigentümers weder zur Ernte, noch zur Durchführung von Schnittarbeiten etc. betreten.
Bäume und Sträucher, die über den Gehweg hinweg wachsen, dürfen Passanten nicht beeinträchtigen oder gefährden. Ebenso ist eine lichte Höhe für den Straßenverkehr einzuhalten. Hier fragt man am besten beim zuständigen Bürgermeisteramt nach.

Wenn man sich ein Haus mit Garten kauft, sollte man nicht nur die Gebäude genau ansehen, sondern sich auch die Zeit nehmen und ein Auge auf Nachbars Garten werfen. Zu nahe an die Grenze gepflanzte, große, schattenwerfende oder die Aussicht beeinträchtigende Bäume werden oft zu Zankäpfeln unter Nachbarn, wenn sich in einem freundlichen Gespräch keine Lösungen finden lassen.
Auf gar keinen Fall dürfen Pflanzenbehandlungsmittel über die Grenze hinweg in Nachbars Garten gelangen.

Als Baumeigentümer darf man das Nachbargrundstück ohne Erlaubnis des Eigentümers nicht betreten, um z. B. Obst zu ernten.

Glossar – wichtige Fachausdrücke

Abgetragenes Fruchtholz: Durch häufigen Fruchtbehang so tief abgesenkte Fruchtäste, dass an deren Fruchtholz eine ausreichende Ernährung der Früchte nicht mehr gewährleistet ist.

Ableiten: Zu lange Triebe werden eingekürzt, wobei man auf seitliches oder nach unten wachsendes Fruchtholz schneidet.

Abwerfen: Starkes Zurückschneiden einer Baumkrone zum Zwecke des Veredelns.

Adventivknospen: Knospen, die bei sehr starkem Rückschnitt aus dem Kambium gebildet werden können. Bei Himbeeren Knospen am Wurzelstock, aus denen die Ruten auswachsen.

Alternanz: Jährlicher Wechsel in der Fruchtbarkeit eines Baumes; einem Ertragsjahr folgt ein Jahr ohne Ertrag.

Astring: Die Ansatzstelle eines Astes am Stamm bzw. an einem anderen Ast bzw. am letztjährigen Holz, an der oft mehrere schlafende Knospen liegen.

Auge: In den Blattachseln liegendes, meist mit Schuppen geschütztes Zellteilungsgewebe, aus welchem sich Blüten, Blätter oder Triebe bilden. Wird im Entstehungsjahr Auge, später Knospe genannt.

Baumgerüst: Alle oberirdischen, verholzten und tragenden Teile eines Baumes.

Blattknospe: Knospe, aus der sich ein Trieb ohne Blüten entwickelt.

Blattrosette: Blätterkranz, in dessen Mitte sich meist eine Blütenknospe entwickelt.

Blenden: Ausbrechen einer oder zweier Knospen direkt hinter der Knospe an der Schnittstelle, um die Bildung eines Konkurrenztriebs zu verhindern.

Bluten: Starker Saftaustritt an Schnittwunden oder Verletzungen.

Blütenknospe: Knospe, aus der sich Blüten entwickeln.

Bukett-Trieb: Ein Blütenknospenkranz, meist bei Süßkirschen, in dessen Mitte sich eine Blattknospe entwickelt.

Edelreiser: Einjährige, für die verschiedenen Veredlungsarten geschnittene Triebe.

Edelsorte: Die für eine Veredlung ausgewählte Sorte.

Einjährige Veredlung: Veredelter Jungbaum nach der ersten Vegetationsperiode.

Endknopse: Siehe Terminalknospe.

Falsche Fruchttriebe: Kurztriebe meist bei Pfirsichen und Nektarinen, die seitlich nur Blütenknospen ausbilden und deshalb schnell verkahlen. Ihr Neuzuwachs erfolgt nur über die Terminalknospe.

Fruchtäste: Äste, die sich untergeordnet an den Leitästen oder an der Stammverlängerung befinden und Fruchtholz tragen. Wichtig ist dabei, besonders bei Pyramiden- und Hohlkronen, aber auch bei Spindelbäumen, dass sich die Fruchtäste gleichmäßig um den Baum verteilen.

Fruchtholz: Alle Teile eines Baumes, an denen Blütenknospen entstehen können und die nicht Teil des Baumgerüstes sind.

Fruchtkuchen: Verdickungen am Fruchtholz, die die Stellen kennzeichnen, an denen sich Früchte entwickelt haben. Aus den Fruchtkuchen geht oftmals weiteres Fruchtholz hervor.

Fruchtrute: Beim Kernobst längerer Zweig mit terminaler Blütenknospe, beim Steinobst langer Trieb mit terminaler Blattknospe und seitlichen Blütenknospen.

Fruchtspieß: Kurztrieb mit terminaler Blütenknospe.

Garnierung: Besatz von Knospen, Trieben, Fruchtkuchen usw. an Ästen.

Geiztriebe: Sind wie vorzeitige Verzweigungen aus den Blattachseln entstehende Seitentriebe im Entstehungsjahr.

Gemischte Knospen: Die beim Kernobst üblichen Blütenknospen, aus denen neben Blüten auch Blätter entstehen.

Hauptknospe: Stark entwickelte, für den Austrieb vorgesehene Knospe.

Hippe: Spezialgärtnermesser mit sichelförmig gebogener Klinge.

Hochstämme: An eine Mindeststammlänge gebundene Baumform. Bei Obstbäumen alle Bäume über 1,80 m Stammhöhe, bei Johannisbeer- und Stachelbeerstämmchen über 0,80 m.

Hohlkrone: Eine Baumkrone ohne Mitteltrieb.

Internodien: Der Zweigabschnitt zwischen zwei aufeinanderfolgenden Knospen.

Johannistrieb: Eine bereits abgeschlossene Terminalknospe treibt im Frühsommer aus.

Juniriss: Ausreißen der Wasserschosse vor dem Verholzen, meist im Juni.

Kambium: Zur Zellteilung befähigt bleibendes Gewebe, welches alle Teile des Sprosses und der Wurzel umgibt. Es bildet nach innen den Holzkörper und nach außen den Rindenkörper.

Knospe: Siehe Auge.

Knospenschwellen: Erstes sichtbares Anzeichen des beginnenden Austriebes nach der Vegetationsruhe durch Dickwerden der Knospen.

Knoten: Die Stellen, an denen an einem Trieb die Augen gebildet werden, aus denen sich im kommenden Jahr Blüten oder Blätter entwickeln können.

Konkurrenztrieb: Starker, steiler Trieb aus der Knospe, welche direkt hinter derjenigen Knospe liegt, welche die Triebverlängerung übernommen hat.

Konkurrenztrieb ausbrechen: Vorzeitiges Entfernen des Konkurrenztriebes durch Ausbrechen zur Begünstigung der Triebverlängerung.

Kopflastige Spindel: Eine Spindel, die im oberen Bereich zu starkes Wachstum zeigt und deren Äste oben länger als unten sind.

Kopulation: Veredlungsart, die bei gleich starken Veredlungspartnern angewandt wird und während der Vegetationsruhe möglich ist.

Kurzer Fruchtholzschnitt: Fruchtholz, das nur noch wenig leistungsfähig ist, wird auf wenige Blütenknospen zurückgeschnitten, damit es wieder kräftige Blütenknospen bzw. Kurztriebe bildet.

Kurztrieb: Kurzer Trieb, der in der Regel früh mit einer Blütenknospe abschließt.

Langer Fruchtholzschnitt: Das Fruchtholz wird kaum oder nur wenig zurückgeschnitten, da es sonst mit zu starkem Neutrieb und verminderter Blütenknospenbildung reagiert.

Langtrieb: Langer Trieb, der in der Regel spät, meist mit einer Blatt-, seltener mit einer Blütenknospe abschließt. Bei blühwilligen Apfelsorten zum Beispiel bilden sich seitlich am Langtrieb Blütenknospen, die später blühen und in Frostjahren von Bedeutung sein können.

Leitäste: Sie bilden als direkte Verzweigung des Stammes neben dem Mitteltrieb das Hauptgerüst der Krone und tragen die Fruchtäste. Die Leitäste werden in einem bestimmten, möglichst flachen Winkel direkt aus dem Stamm spiralförmig aufgebaut.

Leittrieb: Verlängerungstrieb der Stammverlängerung oder eines Leitastes, der sich aus der endständigen Terminalknospe entwickelt hat.

Meterstamm: Baumform mit einer Stammhöhe von einem Meter.

Mitteltrieb(-achse): Ist die Fortsetzung des Stammes und gehört so wie die Leitäste zum Hauptgerüst der Krone.

Nebenknospe: Neben der Hauptknospe angelegte Reserveknospe, die bei Zerstörung der Hauptknospe austreibt.

Nodien: Siehe Knoten.

Okulation: In den Baumschulen im Sommer übliche Veredlungsart, bei der ein Auge mit einem Rindenstückchen in die Unterlage eingesetzt wird.

Pflanzjahr: Das Jahr, in dem ein- oder mehrjährige Gehölze nach der Pflanzung an ihrem endgültigen Standort das erste Laub tragen.

Pflanzschnitt: Der unmittelbar nach der Pflanzung ausgeführte Schnitt, mit dem die spätere Kronenform festgelegt wird.

Pfropfen: Veredlungsart, besonders für ältere Bäume, die im April bis Mai durchgeführt wird, sobald sich die Rinde der Unterlage löst, damit das Edelreis hinter die Rinde geschoben werden kann.

Pfropfkopf: Stark zurückgeschnittener Aststummel, in welchem beim Pfropfen die Edelreiser eingesetzt werden.

Pyramidenkrone: Kronenform mit Mitteltrieb und drei bis vier Leitästen, die nach allen Seiten gleichmäßig stark ausgebildet sind.

Quirlbildung: In gleicher Höhe quirlartig rund um den Stamm stehende Leitäste, die zu einer unerwünschten Schwächung der Stammverlängerung führen.

Quirlholz: Stark verzweigtes, älteres, oft stark nach unten hängendes Fruchtholz, das häufig nur schlecht ernährte Früchte hervorbringt.

Rundkrone: Kronenform, bei der im Gegensatz zur Längskrone alle Leitäste bzw. Fruchtäste nach allen Richtungen gleichmäßig stark erzogen werden.

Ruten: Kurzlebige Triebe bei Halbsträuchern wie Brombeeren und Himbeeren.

Schlafende Knospe: Über lange Jahre nicht austreibende Knospen, die sich lebensfähig erhalten haben und oft erst nach Jahren durch einen besonderen Reiz (Schnitt) austreiben.

Schlafendes Auge: Vor allem an Astringen angelegte Augen, die oft erst nach Jahren durch einen besonderen Reiz (Schnitt) austreiben.

Schnitt auf einen Seitentrieb: Entfernen der Triebverlängerung mittels Rückschnitt auf einen Seitentrieb.

Schosser: Übermäßig stark wachsende, senkrechte Triebe.

Seitenknospen: Seitlich am Trieb angelegte Blüten und Blattknospen.

Seitentriebe: Aus Seitenknospen wachsende Triebe.

Sommerschnitt: Alle nach Abschluss des Triebwachstums am belaubten Gehölz durchgeführten Schnittmaßnahmen.

Spalier: Aus Draht, Holz etc. errichtetes Gerüst zur Erziehung und Unterstützung verschiedener Spalierformen bei Obstgehölzen.

Sperren: Veränderung des Astwinkels von Leitästen durch Auseinanderdrücken mit einem Spreizholz.

Spindel: Kronenform, an der sich um den Mitteltrieb die Fruchtäste befinden. Lange Fruchtäste unten und kurze Fruchtäste oben ergeben die typische Tannenbaumform.

Spross: Gesamtheit der oberirdischen Baumteile.

Stäben: Anbinden eines einjährigen Triebes an einen in der gewünschten Richtung fixierten Stab, um einen geraden Wuchs zu erreichen.

Stamm: Meist senkrechter Teil des Sprosses, vom Boden bis zum untersten Ast.

Stammausschläge: Aus dem Stamm austreibende Triebe.

Standjahr: Vegetationsjahr. Man zählt Standjahre nicht vom 01.01. bis zum 31.12., sondern vom Austrieb bis zum Wiederaustrieb.

Steckholz: Einjähriger Trieb, der zur ungeschlechtlichen Pflanzenvermehrung während der Vegetationsruhe geschnitten und zu zwei Dritteln in den Boden gesteckt wird. Er bewurzelt sich, und es entsteht eine neue erbgleiche Pflanze.

Stockausschläge: Austriebe aus dem Wurzelstock, die bei veredelten Gehölzen immer der Unterlagensorte und nicht der Edelsorte entsprechen.

Tellerkrone: Speziell für den Zwetschenanbau entwickelte Rundkronenform, bei der die Mitte den Leitästen untergeordnet wird.

Terminalknospe: Blüten- oder Blattknospen am Ende eines Triebes.

Trieb: Einjähriges Organ eines Obstgehölzes.

Triebabschluss: Beendigung des Wachstums eines Triebes durch Bildung einer Terminalknospe.

Überbauen der Krone: Verlust der für die Belichtung wichtigen kegelförmigen Kronenform infolge unkontrollierten Wachstums im oberen Bereich.

Übergangsknospen: Blütenknospenähnliche Knospen, aus denen sich bei günstigen Voraussetzungen Blütenknospen bilden. Bei Überdüngung entsteht daraus ein Trieb.

Überwallen: Wundverschluss durch Zellteilung des Kambiums am Wundrand.

Überpflücken: Mehrmaliges, von der Reifezeit abhängiges Ernten, wobei immer nur die bereits reifen Früchte eines Baumes oder Strauches geerntet werden.

Unterlage: Wurzel oder Sprossstück bis zur Veredlungsstelle eines veredelten Obstgehölzes.

Vegetationsperiode: Zeitraum des Wachstums vom Austrieb bis zum Blattfall.

Vegetationsruhe: Zeitraum des Wachstumsstillstandes vom Blattfall bis zum Austrieb.

Veredeln: Methode zum Vermehren erbgleicher Edelsorten durch Verwachsen zweier lebender Pflanzenteile von Pflanzen, deren Triebe sich sonst schlecht bewurzeln.

Verjüngungsschnitt: An einer seit längerer Zeit nicht geschnittenen Krone werden abgesenkte Leitäste auf Ständer aufgeleitet, mit denen dann die Leitäste neu aufgebaut werden.

Verkahlte Krone: Baumkrone, die nur noch im äußeren Bereich grün ist, weil die Knospen im Kroneninneren wegen Lichtmangel nicht mehr austreiben.

Verlängerungstrieb: Trieb aus der Terminalknospe oder bei Rückschnitt aus der letzten Knospe, der in die gleiche Richtung wächst wie der Trieb, aus dem er hervorging.

Wahrer Fruchttrieb: Trieb, meist bei Pfirsichen und Nektarinen, der seitlich gemischte Knospen hat, d. h. entweder zwei Blüten- mit einer mittelständigen Blattknospe oder eine Blütenknospe mit einer begleitenden Blattknospe.

Wasserschosse: Meist aus schlafenden Knospen lichtarm heranwachsende, lange Triebe mit weichem Holz und langen Internodien.

Winterschnitt: Alle während der Vegetationsruhe am unbelaubten Obstgehölz durchgeführten Schnittmaßnahmen.

Wundkallus: Vom Kambium zum Verschließen von Wunden und Verletzungen neu gebildete Holz- und Rindenzellen.

Wurzel: Gesamtheit aller unterirdischen Gehölzteile.

Wurzelhals: Oberirdischer Teil der Unterlage eines Obstgehölzes.

Wurzelschnitt: Einerseits das Einkürzen der Wurzeln bei der Pflanzung eines Obstgehölzes, andererseits das Verringern des Wurzelvolumens eines zu stark wachsenden Baumes durch Abstechen der Wurzeln mit einem Spaten oder einem speziellen Wurzelschneidegerät.

Zapfen: Ein beim Schnitt nicht restlos entfernter Trieb. Aus einer schlafenden oder schlecht entwickelten Knospe dieses Zapfens entsteht ein flacher Trieb, der meist mit einer Blütenknospe abschließt.

Nützliche Adressen (nach PLZ)

Vereine und Verbände (www.gartenbauvereine.de)

Bundesverband Deutscher Gartenfreunde e.V. (BDG)
Platanenallee 37
14050 Berlin
Tel.: 0 30 / 30 20 71-40
Fax: 0 30 / 30 20 71-39
www.kleingarten-bund.de

Pomologen-Verein e.V.
Bundesgeschäftsstelle
c/o Joachim Brauss
Deutschherrenstraße 94
53177 Bonn
Tel.: 02 28 / 3 36 11 93
Fax: 02 28 / 18 07 34 25
www.pomologen-verein.de

Deutsche Gartenbau-Gesellschaft 1822 e.V.
Haus der Handwerkskammer
Webersteig 3
78462 Konstanz
Tel.: 0 75 31 / 1 52 88
Fax: 0 75 31 / 2 65 30
www.dgg1822.de

Bundesobstbauverband Österreichs
Schauflergasse 6
A-1014 Wien
Tel.: 0043 / (0)1 / 5 34 41 85 52
Fax: 0043 / (0)1 / 5 34 41 85 49
www.lk-oe.at

Bundesverband der Österreichischen Gärtner
Haidestraße 22
A-1110 Wien
Tel.: 0043 / (0)1 / 769 26 60
Fax: 0043 / (0)1 / 7 68 89 90
www.gartenbau.or.at

Obstgehölze

Heros Baumschulen
Niedergräfenhain 32
04643 Geithain
Tel.: 03 43 41 / 4 25 06
Fax: 03 43 41 / 4 14 20
www.heros-baumschulen.de

Baumschulen Ewald Fischer
Lettberger Str. 95
12355 Berlin
Tel.: 030 / 6 63 50 41
Fax: 030 / 6 64 43 32
www.baumschule-fischer.de

Baumschule & Pflanzenhandel
Lorenz von Ehren
Maldfeldstraße 4
21077 Hamburg
Tel.: 0 40 / 7 61 08-0
Fax: 0 40 / 7 61 08-100
www.LvE.de

Gustav Schlüter
Markenbaumschule/Samenfachgeschäft
Bahnhofstraße 5
25335 Bokholt-Hanredder
Tel.: 0 41 23 / 20 21
Fax: 0 41 23 / 70 88
www.garten-schlueter.de

Pflanzmich.de
Versandzentrum und Gartenmarkt
Burstah 13
25474 Ellerbek
Tel.: 0 41 01 / 37 80-0
Bestell-Hotline: 0 18 05 / 12 02 00 (12 Cent/Min.)
Fax: 0 41 01 / 37 80-20
www.pflanzmich.de

Hermann Cordes Baumschulen
Pinneberger Straße 247a
25488 Holm/Holstein
Tel.: 0 41 03 / 9 39 80
Fax:. 0 41 03 / 53 40
www.cordes-apfel.de

Eggert Baumschulen
Baumschulenweg 2-6
25594 Vaale
Tel.: 0 48 27 / 93 26 27
Fax: 0 48 27 / 93 26 28
www.eggert-baumschulen.de

Bioland Baumschule & Obstgarten Dr. Ute Hoffmann
(alte und lokale Sorten)
Uepser Heide 1
27330 Asendorf
Tel.: 0 42 53 / 80 06 22
Fax: 0 42 53 / 80 06 20
www.hoffmann-obstbaumschule.de

Baumschule König
Teichgarten 17
31033 Brüggen
Tel.: 0 51 82 / 12 98
Fax: 0 51 82 / 29 11
www.pflanzenboerse-online.de

Baumschule Krämer
Bielefelder Str. 202–206
32758 Detmold
Tel.: 0 52 31 / 6 87 78
Fax: 0 52 31 / 6 34 57
www.baumschule-kraemer.de

Baumschule Wohlgemut
(alte und lokale Obstsorten)
Kirschweg 10
34388 Trendelburg
Tel.: 0 56 75 / 59 52

Bioland-Baumschule Pflanzlust
Niederelsungerstr. 23
34466 Nothfelden
Tel.: 0 56 92 / 86 35
Fax: 0 56 92 / 20 88
www.pflanzlust.de

Baumschule Spiess (alte und lokale Sorten)
Weidenstraße 22
37194 Wahlsburg/Lippoldsberg
Tel.: 0 55 72 / 9 37 40
Fax: 0 55 72 / 93 74 22
www.baumschule-spiess.de

Baumschule Beyme
Seehof Pechau
39114 Magdeburg
Tel.: 03 91 / 8 11 47 45
Fax: 03 91 / 8 11 03 80
www.baumschule-beyme.de

Artländer Pflanzenhof (seltene Sorten, Wildobst)
Im Zwischenmersch / Baumschulenweg
49610 Quakenbrück
Tel.: 0 54 31 / 24 58
Fax: 0 54 31 / 90 43 53
www.pflanzenhof-online.de

Ahrens+Sieberz
Großversand-Gärtnerei
53718 Siegburg
Bestell-Tel.: 0180 / 514 0 514
Fax: 0180 / 514 0 516
www.as-garten.de

Ahornblatt (Wildobst)
Postfach 1125
55001 Mainz
Tel.: 0 61 31 / 7 23 54
Fax: 0 61 31 / 36 49 67
www.ahornblatt-garten.de

Baldur-Garten-Versand
(auch Säulenäpfel für Kübel)
Elbinger Straße 12
64625 Bensheim
Bestell-Tel.: 0 18 05 / 10 35-11
Fax: 0 18 05 / 10 35-99
www.baldur-garten.de

Baumschule Brunner (alte und lokale Sorten)
Friedhofstr. 30,
64846 Groß-Zimmern
Tel.: 0 60 71 / 4 23 43

Geisenheimer Baumschule
Hans Bartsch
Nothgottestraße 4
65366 Geisenheim
Tel.: 0 67 22 / 7 56 22

Baumschule Jäger
Neuzeilsheim 7
68526 Ladenburg
Tel.: 0 62 03 / 36 88
Fax: 0 62 03 / 1 72 63
www.baumschule-jaeger.de

Baumschule Kern
Stockacher Straße 51
78351 Ludwigshafen/Bodensee
Tel.: 0 77 73 / 13 76
Fax: 0 77 73 / 72 46
www.baumschule-kern.de

Klaus Ganter Qualitätsbaumschule KG
Baumweg 2
79369 Whyl am Kaiserstuhl
Tel.: 0 76 42 / 10 61
Fax: 0 76 42 / 26 85
www.ganter-baden.de

Baumschule Baumgartner
(alte Sorten, Wildobst)
Hauptstr. 2
84378 Nöham bei Pfarrkirchen
Tel.: 0 87 26 / 2 05
Fax: 0 87 26 / 13 90
www.baumgartner-baumschulen.de

Bioland-Baumschule Brenninger
(seltene Arten, Wildobst)
Hofstarring 2/1
84439 Steinkirchen
Tel.: 0 80 84 / 25 99 01
Fax: 0 80 84 / 25 99 09
www.brenninger.de

Alfons Berger
Lindauer Str. 38
88069 Tettnang
Tel.: 0 75 42 / 76 18

Baumschule Werner Oppel
Dillenbergstr.13
90579 Langenzenn-Stinzendorf
Tel.: 0 91 01 / 28 62
Fax: 0 91 01 / 96 41
www.werner-oppel.de

Pflanzen Hofmann
Hauptstr. 36
91094 Langensendelbach
Tel.: 0 91 33 / 46 87
Fax: 0 91 33 / 46 73
www.baumschule-hofmann.de

Häberli Fruchtpflanzen AG
CH-9315 Neukirch-Egnach
Tel.: 0041 (0)71 / 474 70 70
Fax: 0041 (0)71 / 474 70 80
www.haeberli-beeren.ch

Weinreben

Rebschule Freytag
Theodor-Heuss-Str. 78
67435 Neustadt a. d. Weinstraße
Tel.: 0 63 27 / 21 43
Fax: 0 63 27 / 34 76
www.rebschule-freytag.de

Rebschule Schmidt
Marktbreiter Str. 30
97342 Obernbreit
Tel.: 0 93 32 / 34 52
Fax: 0 93 32 / 39 86
www.rebschule-schmidt.de

Schnittwerkzeuge

GARDENA AG
www.gardena.de

WOLF-Garten GmbH & Co KG
www.wolf-garten.de

Gebr. Schröder GmbH
Wischhofstr 1–3
24148 Kiel
Tel.: 04 31 / 72 94 85
Fax: 04 31 / 72 94 81
www.original-loewe.de

Hermann Meyer KG
Halstenbeker Weg 100
25462 Rellingen
www.hermann-meyer.de

Felco Deutschland GmbH
Ludwigsburger Str. 71
71691 Freiberg/N.
Tel.: 0 71 41 / 6 85 75-75
Fax: 0 71 41 / 6 85 75-85
www.felco.de

KME AGROMAX GmbH
Holderackerstr. 6
79346 Endingen
Tel.: 0 76 42 / 32 33
Fax: 0 76 42 / 22 09
www.kme-agromax.de

Nägeli AG
Seestr. 4
CH-8594 Güttingen
Tel.: 0041 (0)71 / 694 50 10
Fax: 0041 (0)71 / 694 50 11
www.naegeli.ch

Register

Die halbfett markierten Seitenzahlen verweisen auf Abbildungen.

Mit 112 Farbfotos von:
Herbert Bischof, Oberteuringen: 8, 23 o, 24 (beide), 28, 31 ore;
Helga Buchter-Weisbrodt, Rödersheim-Gronau: 11 o, 37 li, 41 re, 43 u, 46 ure, 49 oli, 56, 58 o, 60, 61 u, 64;
Otmar Diez, Sulzthal: 6 o, 40 o, 43 o, 54;
Heidrun Holzförster, Haslach: 6 u, 7 o, 12 o, 15, 16 re, 19, 20, 21, 34, 35 u, 37 ore, 37 ure, 45 (beide), 46 o, 46 uli, 57 o, 61 oli;
LWG/Josef Engelhart, Veitshöchheim: 68;
Christoph Müller, Baden-Baden: 12 uli, 12 ure;
Reinhard-Tierfoto/Hans Reinhard, Heiligkreuzsteinach-Eiterbach: 1, 5, 7 u, 9, 11 u, 16 li, 16 Mi, 27, 30 (beide), 31 uli, 33, 35 oli, 36 (beide), 38 li, 39 (beide), 40 u, 42, 44 (beide), 47 (beide), 48, 49 ure, 50, 52, 53, 55 (alle drei), 57 u, 62 (beide), 65, 67, 69, 70, 71 (beide), 72, 73, 74 (beide), 75 (beide), 76 (beide), 77 (beide), 78, 79, 80, 81, 82, 83 (beide), 86;
Reinhard-Tierfoto/Nils Reinhard, Heiligkreuzsteinach-Eiterbach: 2/3, 38 re, 51, 61 ore;
Manfred Ruckszio, Taunusstein: 14, 23 u, 35 ore, 38 o, 41 li, 58 u
Andreas Vietmeier, Münster: 29;

Mit 53 Farbillustrationen von:
Horst Lünser, Berlin: 26 o, 32, 49; alle anderen von **Wolfgang Lang**, Grafenau-Döffingen.

Umschlaggestaltung von Atelier Reichert, Stuttgart, unter Verwendung von zwei Fotos von Reinhard-Tierfoto/Hans Reinhard, Heiligkreuzsteinach-Eiterbach.

Mit 165 Farbabbildungen.

Gedruckt auf chlorfrei gebleichtem Papier

1. Auflage

ISBN 978-3-440-11334-9
Redaktion: Carolin Küßner
Produktion: DOPPELPUNKT Auch & Grätzbch GbR, Stuttgart
Grundlayout: Dietmar Grashoff, Lahr
Printed in Italy / Imprimé en Italie

Alle Angaben in diesem Buch sind sorgfältig geprüft und geben den neuesten Wissensstand bei der Veröffentlichung wieder. Da sich das Wissen aber laufend in rascher Folge weiterentwickelt und vergrößert, muss jeder Anwender prüfen, ob die Angaben nicht durch neuere Erkenntnisse überholt sind. Dazu muss er zum Beispiel Beipackzettel zu Dünge-, Pflanzenschutz- bzw. Pflanzenpflegemitteln lesen und genau befolgen sowie Gebrauchsanweisungen und Gesetze beachten.

Herbert Bischof: Ehemaliger Leiter des Amtes für Obst- und Gartenbau im Bodenseekreis, beschäftigt sich seit vielen Jahren mit dem modernen Plantagenobstbau, dem Erhalt alter Obstsorten und ist als Obstbauberater tätig. Im Kosmos Verlag sind von ihm schon mehrere Bücher zu den Themen Obst und Obstbaumschnitt erschienen.